集人文社科之思　刊专业学术之声

集 刊 名：气象史研究
名誉主编：许小峰　丁一汇　于玉斌
主　　编：熊绍员　王志强
主管单位：中国气象局科技与气候变化司
主办单位：中国气象局气象干部培训学院
METEOROLOGICAL HISTORY STUDIES

第二辑

集刊序列号：PIJ-2020-417
中国集刊网：www.jikan.com.cn / 气象史研究
集刊投约稿平台：www.iedol.cn

中国气象局气象干部培训学院

气象史研究

METEOROLOGICAL HISTORY STUDIES

（第二辑）

社会科学文献出版社
SOCIAL SCIENCES ACADEMIC PRESS (CHINA)

主编寄语

王志强

科学史是人类文明史的重要组成部分。从20世纪初开始，气象学的一代宗师竺可桢先生就大力倡导科学史研究，并身体力行，在气象学史、天文学史、地学史、科学文化史等方面取得了丰硕的研究成果。《气象史研究》集刊集中展现气象科技史的研究成果和业务进展，服务气象事业高质量发展和气象强国建设，进一步为全国乃至世界气象史共同体搭建学术平台。

《气象史研究》第二辑，在内容编排上，继续突出气象特色和科学史视角。在特稿《国家最高科学技术奖得主曾庆存院士谈气象科学历史和培训创新及展望》一文中，曾庆存院士畅谈了对大气科学历史、气象业务培训、气象人才培养、最新技术应用、科技创新等方面的看法，勉励气象工作者以人民期盼解决的问题为根本出发点，抓住问题本质，不畏艰苦、勇攀高峰，解决具体问题。在“中国气象史”专题中，刊发了《大河村彩陶日晕纹与虹龙形象的发展》和《略论战争中气象科技的运用及发展》两篇文章，体现了人们对大气现象的观察和规律的总结以及对气象科技的运用。在“气候与文明史”专题中，刊登了《〈滇南月节词〉中的云南气候》《气候变化视野下的我国水旱灾神话研究》《试论气候和气象灾害的文献价值及利用》《章淹关于南水北调中线水旱变化的研究》四篇文章，分别从古代诗词、神话、文献运用和大型工程规划四个方面研究探索我国的气候和气象灾害情况，体现了气象与气候因素对人类文明发展的重要作用。特色专题“气象科技文化遗产”，是气象科技史研究的自然延伸，是气象史领域重要的业务组成，这次刊发了《以地方文化论防灾减灾历史文脉的现实意义》《洛阳古代气象灾害防御遗址探寻与思考》两篇文章。在“国际气象史”专题中，有《春秋到秦汉时期气象思想与亚里士多德气象思想之内涵》《中国未参加1955年世界气象组织亚洲区域协会会议始末》两篇文章，展示了中外气象思想的比较研究以及中国气象走上世界舞台的曲折坎坷之路。“气象教育史”专题包含《气象培训体系中气象科技史研究回溯与展望》《竺可桢对中国气象学建制化发展的贡献分析与启示》两篇论文，回溯了气象学科发展和气象教育培训的相关过程。在“地方气象史”专题中有《20世纪上半叶北京气象业务机构的若干史实》和《中国气象科技史上的杭州印记——从史料记载看杭州气象之最》两篇文章，分别回顾了20世纪上半叶北京的气象管理体制和业务场所的变迁以及杭州十个气象之最。在“史料钩沉”专题中，刊登了《〈红楼梦〉中的气象灾害浅谈》《抗战中的气象研究所叙事——以竺可桢日记为中心》两篇论文，展示了有关史料。

随着研究的深入和学科专业化趋势加强，学术集刊在全国学界的重要影响越来越大，学术地位越来越高。在国家重视学术集刊和落实党史学习教育的大背景下，《气象史研究》有助于国内外气象史和文化遗产及相关领域的学术发展。

目录 Contents

国际气象史

气象教育史

地方气象史

史料钩沉

特 稿

编者按：2021 年是中国共产党成立 100 周年，也是“十四五”开局之年，社会主义现代化建设开启了新征程。2021 年 1 月 6 日，享誉海内外的气象学家、国家最高科学技术奖获得者、中国科学院曾庆存院士与中国气象局气象干部培训学院业务科技一线教师座谈。本文基于这次座谈形成，征得本人同意后在《气象史研究》发表。

国家最高科学技术奖得主曾庆存院士谈气象科学历史和培训创新及展望

章丽娜　陈正洪*

一　曾庆存院士学术成就概述

曾庆存，1935 年出生，著名的大气科学家和地球流体力学家。中国科学院院士、俄罗斯科学院外籍院士、TWAS（现称“世界科学院”）院士。担任中国科学院大气物理研究所所长、大气科学和地球流体力学数值模拟国家重点实验室主任、国际气候与环境科学中心主任，中国工业与应用数学学会理事长、中国海洋学会副理事长、中国气象学会理事长、中国气候研究委员会主任、国际 WCRP-JSC 委员、CAS-TWAS-WMO 气候问题论坛执行主任、中国科学技术协会副主席等职。中共第十三届、第十四届中央候补委员，全国劳动模范和全国先进工作者。荣获第 61 届国际气象组织（IMO）奖，2019 年度国家最高科学技术奖。

曾庆存在大气科学、地球流体力学、遥感、气候与环境科学、智能控制论、运用计算数学等众多领域都取得了突出的成绩，是国际数值天气预

* 章丽娜，中国气象局气象干部培训学院教授级高工；陈正洪，哲学博士，中国气象局气象干部培训学院教授级高工。

报奠基人之一，为现代大气科学和气候事业的两大标志——数值天气预报模式和气象卫星遥感做出了开创性的贡献。曾庆存始终以国家需求为己任，潜心基础研究，着力原创，默默奉献，甘为人梯，为国家培养了大批大气科学、地球流体力学和气象业务的高层次人才。

二　对气象培训教师的建议

问题：作为从事气象业务培训的教师，平时面对的主要是广大一线预报员，我们在授课当中应该如何开展教学？开展研究的时候应该怎样选题？

曾庆存：气象干部培训学院的“培训”这两个字包含了“培养”和“训练”两个方面。大学也培养学生，但是你们这里的培养恐怕和大学不一样。你们的学员已经参加工作，工作后再进行培训，这是你们的特点，所以你们的教学也要以这个为基础，教学方法也要考虑到这个特点。这正好是你们把教学工作和研究工作相结合的最好机会。学员有预报经验，也有研究经验，他们到你们这里来提升业务水平，老师们也可以通过培训提高自己。

来的学员个人情况不一，要么分班、要么分型来培养，这个班侧重点是什么、那个班侧重点是什么，这正好是你们教学工作一个很集中的方面，也是你们研究工作很重要的一个方面。中国古代有一个很好的传统——书院制度。很多书院重视讨论，你们就可以采用这种方式。针对学员的需要讲一部分课，但是需要有针对性地讲，学员对新的知识不知道，那你就要想用什么办法能让他们掌握这些新的知识。如果你们的培训期是一年，那你们可以讲半年，或者不到半年都可以，因为学员是拥有大学学历的人，他们有自学能力，讲课就可以提纲挈领地讲。更多的时间是老师和学员一起就具体问题来研讨，这就是孔老夫子或儒家书院的讲课方法。

青年毛泽东为了求学问，他到岳麓书院待过一段时间，他与蔡和森在那里讨论，讨论什么？讨论救国的办法，还会一起锻炼身体，很冷的天把冷水泼在身上，书院的院子里非常安静。岳麓书院里有一副对联提到了“毛蔡风神”（毛泽东、蔡和森精神），就是要找到救国救民的办法，并以忘我的精神，锻炼身体，培养毅力。老师和学员完全打成一片，共同探讨问题怎么解决，这个非常重要，这比闷头搞研究工作好。像你们的学员是比较有经验的，教学和研讨相结合，这是你们最重要的办法。

还有一个是要把预报和探测相结合，因为数值预报发展起来之后，天气预报你再用什么新的方法不太容易。很重要的是怎样和探测结合。比如说龙卷风来了，你怎样能够通过雷达资料反映龙卷风，针对这些问题确实需要你们去学。

这就是我所想到的，要坚定把气象事业搞好，当然很多事情也不可能一次性完全解决，但是你要下决心一定把它做好。

三　对气象科学史发展的观点

问题 1：中国古代气象科学产生了大量适合中国的知识体系，但是到了现在除了二十四节气之外，大部分被西方气象学取代了，请问您觉得如何发扬中国古代气象知识的优秀传统？从哲学的角度看，中国局部的气象学规律应该如何结合全球的普遍规律，做出更大的创新？

曾庆存：这个问题十分复杂。中国古代的气象是不是科学？当然是科学。二十四节气首先是以天文为主的，两个分点、两个至点。两个分点是春分、秋分，两个至点是夏至、冬至。我们是研究气象，不是研究天文的。气象和生态与人们的生活密切相关。气象与季候、季节紧密相关，比如说立春后是雨水，雨水后是惊蛰，秋天有白露、霜降，冬天有小寒、大寒，这就是物候。我们把这部分组合在一块儿不就是很有用的预报指标吗？研究多了就变成气候了。外国有没有？外国没有做到这一点，现在要说研究物候学，这一点我们可以向古人学习。

这是一个方面。中国有中国特殊的问题，但是很显著的一个问题就是“季风”问题。我不知道现在的教科书都是怎么讲的，外国原来讲季风怎么形成的呢？是海陆分布的季节热力差异所导致的，这个对不对？完全不对。中国怎么讲的？在《诗经》里面有《北风》，有《南风歌》。冬天主要是北风，东北风为多，西北风也有；夏天不管西南风也好，东南风也好，最主要是南风。你看这两首诗就刻画了“季风”。外国把季风叫作 monsoon（源自阿拉伯语）。[1] 外国说的海陆分布产生的风主要是指阿拉伯海域那个风向的转变，中亚沿用这个，后来认为中纬度国家风的季节变化主要是海陆分布热力差异造成的，比如大西洋和欧洲、亚洲和太平洋，它就叫季风，实际上不对。

那比这个更大的是什么？我们讲气候，希腊那时候用埃及的 Climate，Climate 是指倾斜。什么倾斜？太阳照射的层次，所以产生气候的原因正好是产生季风的原因，外国的解释是不对的。

实际上你要看季风，第一个推动力是季节变化，这对预报季风非常重要。[2] 对流层受海气和各方面的影响，平流层可不管你这一套了。你越往高处看，季风就根本不是这么回事了，季节变化非常明显。因此，你要说季节突变或者说季风，陶诗言先生过去要搞平流层，那是个根源问题，这实际上是对的，因为在平流层，最繁杂的扰动消失了。最明白的就是把季节变化凸显出来，往下延伸，季风问题就来了。你要研究热带季风，就是咱们中国夏季风开始的地方，平流层最明显，以后慢慢也会看出是一步步来往下传的。

你说以前咱们中国没有数值预报，我们学嘛，并不是说外国就多先进，外国就不会错。中国有很多特殊问题值得我们研究。比方说探测，我们的仪器不够，但现在补上了（如卫星）。卫星方面我做了什么工作呢？就是发现外国的不对，我们提出了探测物质（水汽、臭氧）等和探测温度是根本不同类型的问题。[3] 不要说外国就都先进、近代科学就是外国的，咱们中国不科学，不能这么讲。中国可用的东西非常多，具有普遍性的就是全球的，不带普遍性的就是中国的，我们自己用好。所以这是我的观点，学无止境，总有要解决的问题。

问题 2：在数值预报的发展历程当中，从最初的原始方程到简化方程，再到回归原始方程，计算方法是一个很关键的因素，您提出来的“半隐式的差分法”在数值预报的历史中起到了奠基性的作用，所以从这个历史过程来看，请问到底是物理过程重要还是计算技巧更重要？在 21 世纪

---

① 曾庆存：《帝舜〈南风〉歌考》，《气候与环境研究》2005 年第 3 期。

② 曾庆存、李建平：《南北两半球大气的相互作用和季风的本质》，《大气科学》2002 年第 4 期。

③ 参见曾庆存《大气红外遥测原理》，科学出版社，1974；曾庆存、周权《将原始方程计算应用于数值天气预报业务 曾庆存院士谈留苏岁月》，《科学文化评论》2018 年第 1 期。

的数值预报的发展当中，是否还会因为计算的困难出现类似过滤和简化的方程？

曾庆存：数值预报现在已经发展得很好，你问研究物理过程重要还是计算方法更重要？两者分不开的。没有计算能力的时候，那你只能用物理分析，所以抓物理过程很重要。要有计算条件的话，那你首先要解决计算方法问题。但是要解决这个问题，你不分析物理问题也是不行的，绝对不行，这两个是结合在一块儿的。

另外一个，简化过滤还要不要？这个也是方法的问题。任何的研究过程都是由简到繁，你怎么能够把原理弄清楚？先简，就是滤波或者是简化法则。你通过这种方式，一下抓住复杂东西的根本问题。是不是最根本还不好说，但是起码正压大气简化了，把 Rossby 波找出来了，在原始方程里你要一下把 Rossby 波找出来不容易。那么原始方程除了这个之外，是否还有别的呢？原始方程怎么会改变正压方程中的 Rossby 波呢？因此这样简化—复杂—简化—复杂这么一步步来的，简化是为了明确问题，找出本质。

四　如何对待基础研究

问题：大气科学领域哪些基础研究是必须开展的？大气科学领域未来有哪些方面可能会再次出现重大突破？

曾庆存：基础研究很重要的目的就是认识问题的本质。你想一下子就把基础问题解决没那么简单，最终看你的运气。有时候你一碰就碰上了，很好，这种机会不是太多。面对有些要花毕生精力都有可能解决不了的课题，我向研究生讲，碰到这种情况我也希望你坚持下去，不要灰心。你走这条路很苦，你是当了铺路的石子，告诉来人这条路是很复杂的、很难的，继续走下去可能成功，但是也有可能不成功。你要开辟新路，你也做出了贡献，你不要说自己没有贡献。当然我并不希望大家都碰到这种情况，万一碰到，不要紧，坚持下去，只要你用功，就会为科学发展做出贡献。

很重要的一点叫不畏艰苦，或者我所说的你也要敢于攀爬珠穆朗玛峰，你要有这种精神坚持下去，不管结果怎么样都是重要的。探索未来是很艰苦的，要勇于探索。但是在探索里面有一个很大的问题，就是路线可能不对，这一点我必须提下中国哲学的贡献，我老提中国哲学的贡献和作用。国际上都认为什么东西都是对称的，但你看中国的山水画，如果把山水画成对称的，成什么样了？一点美的灵魂都没有。物理上有另外一个名词叫对称破缺，破缺不是不对称的嘛，对不对。所以学习方法很重要，你不要按照外国的那条思路一下走到底，这是很重要的。

具体问题具体分析。像毛主席说的，事物总是一分为二的。过去可能不理解老子说的“一生二，二生三，三生万物”。后来一想，对得很！一物不是一嘛，分为二，这是矛盾了。后来物理学家又发现还有中子，就产生了第三个，阳性、阴性、中性。这种思想非常重要，我们研究科学需要这样的思想。一是具体问题具体分析，二是找到主要的矛盾链，这对我们非常有用。寒潮主要是冷空气推动的，你绝对不会讲是暖空气。台风就不一定了，还有很多天气类型，可能暖空气是主要的。所以，具体问题具体分析，包括讲课也好，要讲这种气象方法。

碰到具体问题，绝对不要怕难，也绝对不要怕它小。《红楼梦》里面讲的是“世事洞明皆学问，人情练达即文章”。这个问题就怕你没有深入下去，没有把它搞通，而且学问都有共通的东西，可以相互启发。讨论问题，不要说这个家伙都错误了怎么还那样。其实这很好，不同的方面供你参考，你积累得多，就形成学问了，就有区别能力了。哪个是对的，哪个是不对的，你明白了，看清楚了，这不就是学问了嘛。所以，一定不要嫌它琐碎。

问题找出来了，要考虑它是不是个问题，是不是预报里面很重要的问题。是，那你就要做。这个人做这个，那个人做那个，很多方面可以讨论，可以相互启发。你要问我，我的学问怎么来的，都是听来的嘛，道听途说，七嘴八舌的。只言片语听了，关键一步就是说你能不能把它们连在一块儿，你能不能识别哪些可能是对的，哪些可能是不对的，这个很重要。

总之，第一，不要拒绝问题，也不要怕烦；第二，你要有分辨能力，去鉴别。

五 人工智能在天气预报中的应用

问题：现在大家认为人工智能在天气预报当中可能会有比较广阔的应用前景。我想了解一下您对人工智能在天气预报方面应用前景的看法。

曾庆存：人工智能非常热，很好，要用，但不要迷信。你不要认为人工智能什么都能解决，不是的。什么叫人工智能呢？我是这么讲的：人智工能，智慧是人的，把智慧赋予那个工具或者机器，让它来做，最终做成了。如果人没想到的，你想让机器来做，绝对做不好，做出来也不行，所以关键还是人想到没有。但也许很复杂，人来做来不及，那你用机器嘛，主要是我们讲的编程序。从这个意义上讲，数值预报也是一种人工智能。因此，人工智能就是人能想得到，让机器做，机器也很复杂，做出来的东西就是人工智能，这是我的理解。基于这样的情况，人想不到的东西，你不要希望人工智能能够解决，这一点我希望大家注意。你做天气预报也好，或者做分析也好，如果你没有想到好的办法，想得不是很透彻的话，那机器肯定做不好，所以第一步还是人智。

现在有很多大学专门给各个省的气象局搞人工智能，比如说你给我做3个月的气候预测。好不好？很好。它们有人工智能的方法，有计算的方法，很好。但是千万不能全部这么做，你得有核心的东西，这是我的想法。人工智能对我们天气预报或者对某些分析判断主要是用两种办法。一种还是回归法，回归方程，只不过它可以复杂化、延伸化。另一种就是神经网络，神经网络其实也是从回归方程产生出来的，只不过它是迭代、迭代、迭代，它按照它的办法迭代，我们最小二乘法是另外一种迭代。线性最小二乘法，不是线性，也是相关嘛，和回归是一回事。天气预报用的什么办法？想办法先回归，从某一方面讲数值预报就是回归，只不过它的回归不是从历史经验中去找，而是从预报方程产生计算出来的，你预报这个天气还不是回归出来的，然后再迭代，一天天这么迭代，或者一个小时、一个小时这么迭代，一回事，对不对？那是更大的人工智能。对于具体的某个省、市、县、站，你可以把数值预报作为输入，除了数值预报公开的那些东西，如果你能找到影响局地的因素，你的预报就可能会有更好的效果。所以关键还是人智，然后你想办法让那个“工”能做出来，大概就是这样子。人工智能不是万能的，人若不智，工绝对不能。我是这么认为的，不知道对不对。

六　预报员科技创新

问题 1： 现在基于数值预报的客观预报技术正在高速发展，那么在这种新形势下预报员怎么样转型发展，怎么样从传统型向全能型或者精专型的预报员转型发展？怎样加强培训来助力人才队伍的建设？

曾庆存： 我是个“笨人”，我不投机取巧，你想一步登天不可能，所以坚持不懈、循序渐进地走下去，总会取得成功，这是我的想法，可能我太保守。你想什么问题都解决和什么都满意，没有那么简单，气象学从皮耶克尼斯提出原始方程至今已有 100 多年，那时候才提出，你一开始能认识了吗？认识不了那么多问题，也是一步一步来的，你认识问题也是越来越深刻的。关于科技创新促进业务，科技创新是不是创新了？哪些方面创新了？哪些方面可以应用？你把它用足了，就促进了你的业务，你用好了就行了。那你用的过程本身就是创新的过程，我是这样想的。

科技创新就是这么发展的，我只要老老实实按照那条路走下去，而且不固执己见，采取开放的态度，接受新的事情，你总能找到一条最好的路，这是我的想法。不能贪快，不知道你同意不同意，还是老老实实走下去，但是你要发挥你的主观能动性，怎么能走得快一点。

问题 2： 新时期的气象科研人员如何继续去保持科技创新的活力和动力？

曾庆存： 这个问题好像很难回答，大概也不难回答。人民亟待解决的问题你解决了没有？你没解决，那就继续研究下去，解决了就行。解决了这个问题，那还有另外的问题没解决，你不断按照这样做不就有动力了嘛。对省里的具体业务工作而言，数值预报不需要你们搞，全国有一个或者全省有一个就够了，你要做的是怎么用好数值预报。还有探测，比如雷达资料，你怎么用好它，当然雷达还有很多问题了，这个是你要做的。你千万不要嫌它小，不要嫌它拿不到桌面上来，解决人民的问题那就是大事。为什么省里需要预报员？就是因为数值预报办不到的那一部分，你需要把它补上。一个省都要配 6 部雷达，算不少的了，但总有盲区。想办法把盲区变成明区，还有就是明区里面你怎么能够分辨，我看问题是不少的。解决了一个就高兴一下，另外一个解决了我也高兴，你抱着这种心态，不也是好奇心嘛，所以还是这句话，以人民的利益为重，需要解决什么实际问题就解决什么问题。

中国气象史

大河村彩陶日晕纹与虹龙形象的发展*

储佩君**

摘　要： 大河村遗址以出土大量绘有天文图案的彩陶而闻名，其中一种彩陶上的图案被称为“日晕纹”。日晕与虹霓同为大气光学现象，且同样具有预示天气变化的作用，在古人眼中并无明显差别，并将这种现象视作雨神的象征。现代气象学研究表明，日晕和虹霓现象的产生原理的确具有相似性。龙的形象在中国产生很早，但其形象和功能是不断被建构的，具有呼风唤雨功能的双首龙被称为虹龙，大河村彩陶日晕纹正是虹龙最初的形态之一。通过对商代甲骨文“虹”字的分析，可以看到虹龙的双首形象已经确立，至汉代，虹龙形象已经十分普遍了。预示降雨的日晕现象与象征雨停的虹霓现象正代表了虹龙具有控制风雨的神力。古人对大气光学现象的观察和规律总结促使了他们对“龙”这一形象的建构与发展。

关键词： 大河村彩陶　日晕　虹霓　虹龙

位于伊洛河流域的大河村遗址是一处仰韶时代中晚期的聚落遗址，该遗址以出土大量绘有天文图案的彩陶而闻名于世。结合周边同时代的双槐树遗址和青台遗址，可以推想，大约在仰韶时代中晚期，黄河中游地区生活着这样一群先民，他们将目光投向了遥远的天空，关注日月星辰的变化，从中摸索天地之道，利用自然规律指导生产和生活，也随之发展出与之相关的精神图腾。

---

* 本文系郑州市政府资助项目“郑州地区仰韶时代的天文学遗存研究”（SKHX 2018385）的阶段性成果。

** 储佩君，国家文物局考古研究中心。

一 大河村彩陶日晕纹

大河村彩陶天文图案包括太阳纹、月亮纹、六角星纹、星座纹、彗星纹等。此外还有一种纹饰颇具特色，这类纹饰中心是一个圈点太阳纹，太阳中心的圈点为红色，两侧各有两道黑色弧线，两道弧线之间绘有一道红线，弧线两端相连处各有一个黑色圆点，弧线外侧还绘有数道芒线。绘有这种纹饰的陶片共有 4 片（残片），图案构成比较固定。最初的发掘人员认为此纹饰是对某种大气光学现象的描绘①，在之后出版的《郑州大河村》报告中明确称其为日晕纹。然而对这种纹饰所表示的含义仍有争议，有学者认为这类纹饰是日珥图像，是大河村先民对日全食观测的实际记录。② 也有学者通过类型学的研究，认为这类毛边圆圈纹表示光芒的“太阳纹”可能来自大汶口文化的彩陶系统。③

大河村彩陶的天文图案颇具特色，内容丰富，多种图案并存，反映了大河村先民对天象的观察和认识。由复原图可以清楚地看到这种图案绘制的是围绕太阳的光晕，报告中将此种图案命名为“日晕纹”应该是准确的，它反映的是一种大气光学现象。需要指出的是，我们如今所说的“天文图案”其实应该称为“天象图案”，涵盖天文和气象两个方面。在马王堆出土的帛书《天文气象杂占》中，包括云占、日占、月占和星占，在古人看来，云气与日月星辰一样，也是一种天象。李约瑟在《中国科学技术史·天文气象卷》的引言中指出：气象学所研究的包括许多现在称为天象的东西，诸如流星、陨星、彗星、银河等。④ 因此在研究古代天象时，天文气象不分家，大气光学现象应纳入古代的“天文图案”之中。

日晕是日光经空气中的六边冰晶体折射而产生的。当大气温度较低，或是锋面云气上升至高空后，水汽会凝华为六边冰晶体，这些冰晶的形态、

---

① 郑州博物馆发掘组：《谈郑州大河村遗址出土的彩陶上的天文图像》，《中原文物》1978 年第 1 期。

② 彭曦：《大河村天文图象彩陶试析》，《中原文物》1984 年第 4 期。

③ 朱雪菲：《大河村遗址秦王寨文化彩陶再研究》，《中原文物》2015 年第 2 期。

④ 〔英〕李约瑟：《中国科学技术史·天文气象卷》，《中国科学技术史》翻译小组译，科学出版社，1990，第 702 页。

方向各有不同。当日光从冰晶的一个侧棱面进入，从另一个侧棱面射出时，就相当于一个正三棱镜对光进行折射，光线的最小偏向角为22°，如果冰晶在空中的取向是任意的，就会在太阳周围形成一个视角半径为22°的晕圈，这种情况最为常见，因此人们所见的日晕多是这种22°晕圈。当日光从冰晶的一个侧棱面进入，而从冰晶端面射出，这种折射相当于一个直角棱镜的折射，光线的最小偏向角为46°。如果冰晶在空中任意取向的话，就会在太阳周围形成一个46°的晕圈。而当冰晶带有角锥面时，日光在锥面间的折射偏向角视其侧棱面与锥面间的夹角而定，则可取不同的值，所以还可形成视角半径分别为8°、9°、17°、18°、35°的晕圈，不过这些情况较为少见。此外日晕还有晕切弧、耀斑、日柱等多种形态。其中22°晕切弧是指在22°晕的上、下两端出现一道相切的光晕，如此，在上下弧相切点会显得特别明亮[①]，仿佛上下又各出现两个亮点，这一特点正符合大河村彩陶日晕纹所描绘的景象。

二　日晕和虹霓

与日晕相似的，是另一种大气光学现象——虹霓。将虹霓与日晕联系在一起，非古人独有，即使是掌握科学知识的现代人也会觉得它们极具相似之处，更遑论史前大河村先民。《战国策·魏策四》有云："聂政之刺韩傀也，白虹贯日。"这里所说贯日的"白虹"实为"日柱"，是日晕的一种。在古人眼里，虹霓与日晕为同一事物的两种形态。

虹霓也就是我们常说的彩虹，呈圆弧状，有时一条，有时两条甚至更多，日晕则多为圆环状，二者形态不同但原理相似。无论是虹霓还是日晕，同为日光折射出的七色圆弧（环），日光射入介质，由于不同波长的光折射率不同，在空中出现了按一定顺序排列成红、橙、黄、绿、蓝、靛、紫七种颜色的虹霓。虹霓是虹和霓两种现象的合称。"虹"也叫主虹，红色在外，紫色在内，色彩鲜亮；"霓"也叫次虹，红色在内，紫色在外，颜色较黯淡。虹有时单独出现，有时会和霓一起出现，形成了两道彩色圆弧同时横跨天空的壮观景象。虹霓与日晕有所不同的是，虹霓总是出现在与太阳

① 蔡名高、徐寿泉：《大气光象》，《益阳师专学报》1987年第5期。

相对的方向，而日晕则是出现在太阳周围。

二者形态相似是由于它们形成的原理相似，这两种现象都是日光经介质折射而形成的，区别为介质的不同。上文已介绍了日晕形成的原理，形成日晕的折射介质为六边形冰晶，而形成虹霓的介质则是大气中的水珠，日光照射在水珠上发生折射产生虹霓。具体来说，日光从水珠上部射入，在雨点内反射一次再折射而出，产生虹；日光从水珠下部射入，在雨点内反射两次再折射而出，形成霓。日光中的各种光的波长不同，雨点对其折射率也不同。当这些不同波长的光进入雨点进行折射和反射后，它们的偏向角也稍有不同，形成了色散。红光的频率小于紫光频率，因此介质对红光的折射率小于对紫光的折射率。当日光从雨点上部射入时，红光最大偏角大于紫光的最大偏角，反射入眼，就能看到红光在外，紫光在内；若日光从下部射入，红光最小偏角小于紫光最小偏角，人们看到的就是红色在内，紫色在外。此外，还有日光经雨滴的三次、四次内反射而形成的三次虹、四次虹，但由于光线非常暗淡，人的肉眼很难观测到。①

在功能上，日晕和虹霓也具有显著的相似性，在长期观察中，古人总结出，这二者的出现总是和雨有着密切联系。古人通过观察总结出的规律，认为日晕的出现是刮风下雨的先兆，殷代甲骨文中已有“晕，风”“酉晕，之□雨”“各（落）云……雨□，晕”等卜辞记载。这是由于日晕往往伴随着卷层云出现，卷层云是锋面云系的前端，标志着一次系统性天气过程快要到来。所谓锋面，就是冷暖气团的交界面，该交界面一般朝着冷气团方向倾斜。当暖气团沿着锋面向上爬升时，空气中的水汽便上升到五六千米的高空，凝聚成六角柱状的冰晶，成片的冰晶便形成了卷层云。之后，随着冷气团的推进，锋面也在向前移动。在看到日晕之后，云层逐渐变厚，由卷层云演变成高层云、雨层云或层积云等，锋面越接近，云层越浓厚，在锋面的动力作用下，就可能出现降雨或刮风等现象，所以一般在日晕出现之后的 1 ~ 3 天就会有雨或风。②

虹霓则常出现在雨过天晴之时，雨后空气湿润，布满小水珠，日光照射在水珠中产生折射，在太阳相对的方向就会出现虹霓。《艺文类聚 · 天

① 杨樟能：《虹霓概论》，《浙江师范大学学报》（自然科学版）1989 年第 2 期。

② 李文谭：《日晕三更雨，月晕午时风》，《宁夏教育》1983 年第 7 期。

部》卷二和《太平御览·天部》卷十四均引《庄子》曰："阳炙阴为虹"（今本《庄子》无此语，作者注）。庄子用阴阳辩证法解释了虹的形成，而根据以上所说的现代科学知识，虹是由日光照射在空气中的水珠经过折射和反射而形成的，雨过天晴之际，天空中弥漫着大量云雾和水珠，因此形成虹霓。东汉蔡邕在《月令章句》中说："虹见有赤青之色，常依云而昼见于日冲。无云不见，太阳亦不见，见辄与日互立，率以日西，见于东方。"这表明当时对虹霓出现的天气条件认识已经十分明确了，古人能够十分清晰地认识到虹霓与雨的关系。

日晕和虹霓在形态和功能上都具有十分相似之处，所以不难理解，日晕和虹霓在上古时期并无明显区分，都可称作"虹"。因此，只有将两种现象一起讨论，才能完整反映出虹所代表的神性。对于无法用现代科学理解天象的古人来说，虹是一种极为特殊的天象，在天空中出现偌大的彩色圆弧，是神意的体现。它被赋予神格，被先民尊崇也是恰当的，因此古人将这种"神迹"记录下来，绘制在彩陶上，也就是我们今天所见到的大河村彩陶日晕纹。这种双首圆弧形象、由虹化身而来的龙可称为"虹龙"，虹龙的形态特征与虹霓的自然属性具有完全的吻合性。大河村彩陶所绘应是虹龙最初始的形象。

三　虹龙形象的发展

仰韶文化中晚期稍早或同时，在新石器时代的其他遗址中，也都发现了记录日晕、虹霓现象的图案或雕塑。河姆渡遗址出土了一件双鸟朝阳象牙蝶形器，邵九华先生认为器物上所绘的双鸟朝日图描绘了一幅日晕景观[①]，顾万发先生也多次提出，包括日晕现象在内的大气光象在大汶口文化彩陶、良渚文化彩陶以及高庙文化中都常有出现。[②] 红山文化中最具有代表性的玉猪龙，身体中部有一孔，若按照穿孔悬挂的方向来看玉猪龙，其形状也恰似一道饰有兽首的彩虹。此外当地还出土了双龙首造型的玉璜，与后世的玉璜两端凿有小孔不同，它们的璜孔是凿在圆弧中间，用线挂起来

---

① 邵九华：《双鸟朝阳象牙蝶形器和日晕景观》，《史前研究》2013 年第 00 期。

② 顾万发：《新石器时代图案的太阳大气光象内涵图解》，《黄河·黄土·黄种人》2016 年第 6 期。

时就像一道彩虹，两端双首长吻前伸，恰若垂首饮水。[①]《太平御览·天部》卷十四引《搜神记》：“乃有赤气如虹，自上而下，化为玉璜。”玉璜是最早出现的玉礼器之一，它反映了远古先民对虹龙的崇拜。

殷商时代，已从文字上确立了“虹龙”的形象。甲骨文中的“”，最早被于省吾先生释读为“虹”[②]，此考证早已获得古文字学界的普遍认可。虽然对此字字形字义的考释已无异议，但关于“虹”代表何种具体形象还是众说纷纭，例如，陈梦家先生认为，“卜辞虹字像两头蛇龙之形”[③]；晁福林先生认为，甲骨文的虹字应当是先人对虹的观察加上对龙的联想的结果。[④] 总体而言，“虹”的实体不外乎是龙蛇的形象，不难发现，甲骨文中的“”与大河村彩陶日晕纹也极为相似，大河村彩陶上所绘的正是两条虹龙环绕着太阳。如此创字是虹龙形象的继承和发展，也反映了在先民心目中，这种双首龙形象的确化自虹。

至汉代，虹龙的形态进一步明确，在画像石上所绘的龙形象中，可以清晰分辨出其中有一类属于虹龙的形象。它呈圆弧状，双首，有的身侧伴随着云师风伯，具有明显的雨神含义。归纳保留下来的汉代画像石中出现的虹龙形象，可以分为以下几种类型。

第一种是单独的双首龙造型[⑤]，两端为龙首，身体弯曲呈弧状，与甲骨文的“虹”字如出一辙，这种双首龙的形态直接化身于虹应无异议。

第二种形象为虹龙与神人的结合，虹龙被一神人操持，多认为这个神人就是人格化的雨神，旁边还有风伯、雷神等[⑥]，这种形象表达了虹龙的神性和蕴含的神秘力量。由江苏徐州民间征集到的一幅画像石上所绘的虹龙，与大河村彩陶日晕纹图案十分相似，这似乎可以说明大河村彩陶上的日晕纹纹饰正是初始的虹龙形象。

---

① 禹实夏：《红山文化中的“双兽首璜形器”、“玉猪龙”与彩虹》，《赤峰学院学报》（汉文哲学社会科学版）2013 年第 6 期。

② 于省吾：《甲骨文字释林》，中华书局，1979，第 4 页。

③ 参见陈梦家《殷墟卜辞综述》，中华书局，1988，第 243 页。

④ 晁福林：《说殷卜辞中的“虹”——殷商社会观念之一例》，《殷都学刊》2006 年第 1 期。

⑤ 中国画像石全集编辑委员会编《中国画像石全集 6：河南汉画像石》，河南美术出版社、山东美术出版社，2000，第 15 页。

⑥ 曾宪波、詹敏：《探析汉画中的风神雨神》，《中国汉画学会第十二届年会论文集》，2010，第123 ~ 126 页。

第三种形象为双龙，绘有上下两条虹龙。《尔雅·释天》云："虹双出，色鲜盛者为雄，雄曰虹；暗者为雌，雌曰霓。"《春秋元命苞》也载："阴阳交而为虹霓。"虹曰雄，为阳为乾；霓曰雌，为阴为坤。根据上文虹霓形成原理的分析，由于日光反射角度的不同，虹在下，霓在上。这种乾下坤上的位置关系正是《易经》中的泰卦。《易经·泰卦》曰"天地交泰，二气交畅，泰之象也"为大吉。双龙形象不仅表明虹龙与虹霓在形态上关系密切，也暗含了《易经》中阴阳相交的哲学。

第四种直接表现了虹龙吸水的形象。[①] 山东沂水韩家曲村出土的画像石中，虹龙呈上部弯曲的双首龙状，首下部各有一人手捧着水盆，双龙张开大嘴正在吸水。自古以来，典籍中不乏虹龙吸水的传说，殷墟卜辞中记载："有出虹自北，饮于河。"[②]《汉书·燕刺王刘旦传》云："虹下属宫中，饮井水，井水竭。"《太平广记》卷一百三十八引《鉴戒录》："天将大雨，有虹自河饮水。"这种图像所绘的正是虹龙吸水的传说。

四　虹龙功能的探讨

龙作为中华文明的图腾很早就出现了。近年来，经考古发掘，发现了兴隆洼文化查海遗址的石块堆塑龙[③]、河南濮阳西水坡仰韶文化遗址的蚌壳摆塑龙[④]、湖北黄梅焦墩遗址的卵石摆塑龙等。关于龙的起源，历来有多种说法，归纳起来大约有五种假设：鳄鱼起源说、蛇起源说、天象起源说、恐龙起源说、昆虫起源说。[⑤] 本文认为，龙并不直接起源于某一种动物或事物，它包含了多种动物的特征，宋人罗愿在《尔雅翼》中将龙释为："角似鹿，头似驼，眼似兔，项似蛇，腹似蜃，鳞似鱼，爪似鹰，掌似虎，耳似牛。"这说明龙是由先民经过不断整合创造出的一种神物，它的起源是一个

---

① 中国画像石全集编辑委员会编《中国画像石全集 3：山东汉画像石》，河南美术出版社、山东美术出版社，2000，第 62 页。

② 晁福林：《说殷卜辞中的"虹"——殷商社会观念之一例》，《殷都学刊》2006 年第 1 期。

③ 吉成名：《查海龙纹陶体和龙形堆塑研究》，《辽宁师范大学学报》（社会科学版）1998 年第 3 期。

④ 孙德萱、李中义：《中华第一龙——濮阳西水坡蚌壳龙虎图案的发现与研究》，《寻根》2000 年第 1 期。

⑤ 郭静云：《天神与天地之道》，上海古籍出版社，2016，第 22 页。

漫长的过程。

不仅是形象，龙的功能也是逐渐被建构出来的，人们将自然界中一些难以解释的现象归功于龙的神秘力量。进入新石器时代以后，第一次社会大分工使得农业从以采集和渔猎为主的经济中分离出来，在当时生产力极为低下的情况下，粮食的生产完全取决于天，具体来说就是依靠降水，雨水对农业生产起着决定性的作用。因此，远古先民需要创造神灵来掌管风雨，以祈求风调雨顺。通过长期观察，古人发现当天空中出现虹霓、日晕等大气光学现象时，往往预示着天气即将发生变化，他们无法了解其中的科学原理，只好将其解释为龙在作法。

文献典籍里记载龙能掌雨。《山海经·大荒东经》记载："应龙处南极，杀蚩尤与夸父，不得复上，故下数旱。旱而为应龙之状，乃得大雨。"《山海经·大荒北经》又载："应龙已杀蚩尤，又杀夸父，乃去南方处之，故南方多雨。"《吕氏春秋·知分》云："以龙致雨，以形逐影。"高诱注："龙，水物也，故致雨。"有学者考证，我国的佤族直接奉虹为水神，每年要祭祀它，当久旱不雨时，人们需要祭祀虹龙以求雨。[①] 然而，虹霓现则风雨休，雨后出现的虹霓并无法使得人们赋予龙水神的特性，甚至有学者论证虹龙是旱神，它"饮而井水竭"，是"见则天下大旱"的肥遗之演变[②]，虹龙的出现预示着雨水终结，河水干涸，天下大旱。要解决这种矛盾，就需认识到虹霓和日晕这两种大气光象在古人眼里具有一致性：当虹龙盘旋于日边则雨水将至，而以虹霓之形象出现于与太阳对立的一边，则标志着雨停。

在以农业为本的社会中，风调雨顺是人们最朴素也是最迫切的需求。古人所需要的神灵，不仅要能唤雨，也能止雨，因为降雨过少会旱，过多则涝，而虹龙恰好同时具有这样的功能，正是这种迫切的需求使得它成为被人们尊奉的神，呼风唤雨这一功能也被建构进中国传统的龙崇拜之中。

---

① 崔华、牛耕：《从汉画中的水旱神画像看我国汉代的祈雨习俗》，《中原文物》1996 年第 3 期。
② 杜小钰：《试论殷墟卜辞中的"虹"——殷人农业中的旱神》，《中国农史》2010 年第 4 期。

略论战争中气象科技的运用及发展

张玉成　钟　波　孙铭悦　王颖超*

摘　要：《孙子兵法》有云："知己知彼，百战不殆。"自有战争以来，信息技术的掌握程度都决定着战争的走向。在科技不发达的古代，打起仗来若想立于不败之地，除了透彻了解敌我双方的情况外，掌握"天时"无疑是至关重要的因素。"风""雨""旱""雾""温"等"天时"要素更左右着战争的走向。因此，在战争中，军事家分析天时、地利、人和，从中获取于己有利因素，巧妙运用气象因素掌握战争主动，赢得胜利的事例屡见不鲜。正是因为历史上有许多由天气导致战事胜负急转的事例，军事家对于战场上气象因素的重视程度逐渐提高，这推动了气象科技的进步和发展，从最基础的战前占卜到观天察地预测进攻时间，气象科技在战争中发挥的作用越来越大。

关键词：战争　气象要素　信息获取　气象科技

兵家有"知己知彼，百战不殆"的说法，告诫我们在战争中要熟悉我方和敌方的情况，就会取得战争的主动。古代战争多是大规模的地面遭遇战或歼灭战，科技水平低，强调的就是"天时、地利、人和"，而"天时"是指节气、阴晴、寒暑等自然变化的时序。在中国古代，军事将领掌握一些天文、气象和地理知识是必要的素质和能力。中国历史上许多军事战役和某些历史的拐点都与将帅们善于利用气象条件作战密切相关。从春秋战国时期开始，军事将领就意识到提前掌握各方面信息在一场战争中至关重要。一些军事家相信"风云可测"，制天命而用之，他们巧妙地利用天气现

* 张玉成、钟波，黑龙江省牡丹江市气象局；孙铭悦，黑龙江省穆棱市气象局；王颖超，黑龙江省林口县气象局。

象和气候条件规避风险、克制敌人，达到了取得战争主动的目的。在科技还不发达的古代，古人从最初用占卜的方法预测天气，而后通过观测天气现象、总结自然规律，并综合运用天文、地理、气象等知识指导生活生产实践的过程，极大地推动了气象科技的进步和发展。

一 古代气象信息的获取

（一）古代赋予神话色彩的气象要素

我们的祖先对天象的认识经历了从迷信到科学的过程，他们认为自然界的刮风、闪电、雷雨等天气现象都是由超自然的“神”操纵的，并将这些天气现象的操纵者赋予了神性，例如风神、雷公、雨师等。黄帝战蚩尤就是上古神话中用理想主义色彩描述气象战的案例。神话中将这场战斗描写得异常精彩，“风伯”“雨师”等天神成为战争中主角，风、雨、雾等气象要素被描述成了天神手中的神器。蚩尤请来了“风伯”和“雨师”助战，带来狂风暴雨。黄帝请来“女魃”，在她的帮忙下，风平浪静、万里无云。不料，蚩尤又制造了一场大雾，使黄帝的兵士无法辨别方向。[①] 黄帝战蚩尤只是个神话故事，但是，从中可以看出，我们的祖先很早以前就有“呼风唤雨”的梦想，幻想着战争中能够借“天机”而用，择“天时”而动，以取得战争的胜利。所以，后人才看到“姜子牙冰冻岐山”的“气候战”以及“白娘子水漫金山”等千古传唱的民间故事。“我是清都山水郎，天教分付与疏狂。曾批给雨支风券，累上留云借月章。”这是古人用浪漫主义色彩描绘诡异天象的典型写照。

（二）占卜在古代天气预报中的应用

我国商代后期（公元前 13 世纪至前 11 世纪），古人多用占卜的方法预测天象。出土于河南安阳殷墟的商代甲骨文显示，大多数甲骨文中有着占卜天气的记载，大多数是卜雨、卜雪、卜雹。这种办法，我们的祖先大概用了几千年之久。

在甲骨文时代，占卜天气的环节由叙、命、占、验组成。叙，是叙述

---

① 王奉安：《古代战争中的气象元素》，《百科知识》2012 年第 23 期。

背景；命，是提出命题；占，是进行占卜；验，就是进行验证，事后验证当初的占卜是否正确。[①] 古人在占卜后多会检验占卜的正确性，故有“屡验”“有验”“不验”“屡不验”之辞。虽然古代时期，预报的方法未必科学，但不粉饰、不浮夸的验证环节，已具有科学精神的雏形。

古人占卜也要看日子，按照《史记》的说法，“四始者，候之日”。四个象征开始的日子，才是占卜气候的日子。四个日子分别是冬至日、腊明日（古代腊祭的次日）、正月旦日、立春日，其中冬至和立春是两个节气。《史记》云：“凡候岁美恶，谨候岁始。岁始或冬至日，产气始萌。”意思是冬至这一天，是让万物生长的阳气萌生的时候，而立春是“四时之始”，是新一轮四季开始的日子。

但是，在占卜中，古人更多地运用看云占卜的方法。按照《陶朱公书》和《易纬通卦验》的记载，冬至这一天看云可占卜明年年景。

如果云的颜色是黄色的，不错，五谷丰登；如果是青色的，那就更好了，五谷丰登，百姓安康；云是红色的，容易发生干旱；云是黑色的，容易发生洪涝；如果冬至这一天没有云，这一年可能是凶年，年景较差。显然，在冬至日根据云色占卜年景，只是一种臆断，但是从黑色的云来预测发生洪涝来看，古人对于积雨云能够下雨已经有初步的认知。

（三）天文与气象结合运用于战争实践

“天象”从字面意思可解释为天文和气象。事实上，在中国古代天文和气象也是无法分开的。传说伏羲氏就是通过不断观测天象的变化，日积月累，才创立了乾、兑、离、震、巽、坎、艮、坤的八卦。这些卦象都与天文气象有关[②]，并且《易经·说卦传》中也提出了关于天地位置、山川与自然界阴晴变化、风雨雷电相互印证等一些关于气象的科学思考。先人在不断观察自然现象变化中形成了一套科学的气象学理论。先人通过观测星系位置变化和太阳周年运动规律推测总结归纳了一年应分为十二月，并根据每个月中物候特点的变化将一年分为二十四个节气，形成了《周易》中的十二辟卦，这也是我国最早的关于气候观测方面的相对科学的总结。

---

① 参见立强编译《周易》，宗教文化出版社，2003，第 82 ~ 85 页。

② 杨智：《易经与中国古代气象预测的关系浅析》，《国学》2018 年第 4 期。

“天人合一”是《易经》中的核心思想，古人认为宇宙是一个整体，万事万物都应当遵循某种相同的规律。古人在不断与大自然的抗争中发现一年中太阳、月亮以及其他星球相对位置发生变化的同时，地球上的海水潮汐也同步发生变化，继而发现自然界的大气运动也会随着星体的变化和海水潮汐的变化而发生改变。聪明的先民学会了总结利用这一规律，通过具有代表性的九颗行星的位置变化来预测天气，总结出了天英星主晴、天辅星主风、天柱星和天蓬星主雨（雪）、天冲星主雷的天气预测方法。如《孙子兵法》中的火攻篇就有，“孙子曰：凡火攻有五：一曰火人，二曰火积，三曰火辎，四曰火库，五曰火队。行火必有因，烟火必素具。发火有时，起火有日。时者，天之燥也；日者，月在箕、壁、翼、轸也。凡此四宿者，风起之日也”①，这就是通过观察月亮与星辰的位置变化来预测大风天气的典型实例。孙武告诉我们在火攻时候应该具备一定的环境条件，并着重强调了火攻必须选择合适的时机，尤其是发起火攻要选择天气干燥利于起火的日期，具体的预测依据就是月亮运行到“箕”“壁”“翼”“轸”四个星宿的位置时就是风大有利火攻的日期。

二　实践中进步的古代气象预测理论及方法

（一）古代天气思维的进步

古人在与大自然的抗争中，为了躲避动物的侵扰，他们住进了洞穴。为躲避风雨雷电适应不同气候，人类开始自己设计建造一些不同朝向的房屋，这就是古人适应气候、利用气候得以生存的科学雏形。

在殷周时期，人们对于预测天气变化有了丰富的经验。《春秋》中通过天空中云的变化来预测雨雪天气。总结出了冬季漫天一色的乌云，就会出现雨雪天气；夏季出现乌云滚滚，就会出现瓢泼大雨的天气。这看云识天气的气象预测方法至今还在沿用。唐朝的《相雨书》中也有一些比较具体的记载：“云逆风而行者，即雨也。”这类经验预报，已具有科学成分。

春秋战国后，人们对气候和天气的总结更加系统，直至二十四节气的

---

① 李军章、张景伦：《世界兵书——〈孙子兵法〉》，《走向世界》2003年第5期。

总结提出，使得古人对于日夜交替和春夏秋冬的季节变化有了更加明确的认识，其成了历代官府指导农业生产的指南针和日常生活中人们预知冷暖雨雪的晴雨表。

事实上，在古代战争中，儒、法两家在认识和运用气象问题上存在严重分歧。在军事上，法家注重调查研究，主张在战前客观分析环境因素用以指导军事战略，所以，法家打胜仗机会更多一些。儒家文化浸透着主观唯心主义和形而上学观点，在战争问题上往往主观与客观相分裂，因此，打败仗就多些。[①] 显然，法家对于自然现象的变化规律做了一些比较客观的阐释，也将自然现象的变化运用到了具体实践中。但是，法家对自然现象变化规律的认识还掺杂着封建迷信和神秘主义的色彩，需要我们仔细地甄别运用。

（二）古代观测手段的进步

观测天气变化的现象自古有之，通过解析殷商时代的甲骨文，考古学家发现卜辞中有关于天气预测和气象实况的记载。古代人们把布帛或者条形鸡毛做成的羽葆绑在竿上来测量风速和风向，这是最原始的测风工具。在观测垂直风向上古人也做了许多研究，总结了诸如从上向下吹的“颓风”、从下向上吹的“飙风”等这样的气象用语，说明古人对于风向的认知已经十分全面。《左传》中还首次论述了“八风”（即八种风向），与现代气象观测学中的基本风向定义是一致的。到了明清时期，测风量雨有了集中的场所——观象台，不仅有气象观测，还有天文观测，气象观测进一步得到发展。

最早的测雨器记载见于南宋数学家秦九韶所著的《数书九章》，该书第二章为“天时类”，收录了有关降水量计算的四个例子，分别是“天池测雨”、“圆罂测雨”、“峻积验雪”和“竹器验雪”。其中“天池测雨”的器具采用的是上宽下窄的“盆”形器具，测量方法是根据“盆”的深度、上口径和下口径的大小计算降雨的量级。这和现在各级气象台站使用的圆柱形雨量筒非常接近了，而这种测雨量的计算方法，为后来的降水量测定打下了坚实的理论基础。

---

① 军石、齐相：《古代战争对气象条件的应用》，《气象》1975 年第 8 期。

（三）中国古代气象预测方法的进步

古代，人们起初将天气因素的风雨雷电都赋予了神的色彩，把一切归于“天意”，将人的生老病死和战争的失利归于上天旨意。项羽兵败垓下，发出绝望的哀叹“此天亡我，非战之罪也”（《史记·项羽本纪》）就是很好的例证。但是，随着时间的推移和经验的积累，人们逐渐意识到自然规律可测。古人主要的预测方法有两种。一是通过星相预测。通过夜观星相发现太阳、地球、月球、其他星辰相对位置的周期性变化，会引发海水潮汐的周期变化，进而推断出大气运动同样也会如海水运动一样因日月星辰的位置变化而变化。二是通过物候预测。这是预测方法的又一个进步。古人对物候现象的观测也十分重视，《左传》中有要求在“二分二至”即春分、秋分、夏至、冬至的重要时节记录自然物候现象的记载。实际上，古人正是通过观察记录动物的生活作息规律和观测植物的天气现象起止日期来预测天气的变化。

公元前104年，由邓平等制定的《太初历》，把地球在黄道上的运动位置分为二十四个位置，地球在黄道上的每一个天文位置确定为一个节气，这就是天文学上的二十四节气划分法。这种划定方法具有较高的科学性，对于判断自然界的物候变化具有较高的指导意义。

汉代时期，古人根据自然现象预测天气的方法也比较常见。李淳风的《乙巳占》中有“风雨气见于日月之旁，三日内有大风”的说法。这种通过总结天地日月周围的气象状况来预测天气的方法也是近现代天气学的预测基础。

三　古今气象信息在战争中发挥的作用

古代军事活动特别注重天气状况。《孙子兵法》阐述的作战需要分析的五个条件中，就把气象列为第二个方面需要分析的条件，即一曰道、二曰天。诸葛亮在《将苑》里同样提出了作为将领要了解天文学、气象学、地理学等多学科知识。诸葛亮也成了在战争中根据地理气候现象来推演预测未来天气的智者。

建安十三年（208）农历十一月，曹操率兵50万人，进攻孙权，用

“连环战船”方法扭转战局，诸葛亮密书周瑜“欲破曹公，宜用火攻；万事俱备，只欠东风”。诸葛亮还根据掌握的天文和气象知识，预测了东风出现的日期，顺利击败曹操的军队。同样的巧用天气取得战役胜利的在唐朝也发生过。李愬雪夜袭取蔡州、擒获吴元济之役，是一次成功利用气象武器制胜的典型战例。元和九年（814）十月名将李愬利用恶劣天气环境，凭借风雪的掩护，出其不意袭击蔡州，大破吴元济。当时的文献中有“人马冻死随处可见”的记载。按现有经验判断当时的天气应该是一次冷锋过境给汝南县带来的寒潮天气。李愬正是利用这一恶劣的气象条件掩护自己、麻痹敌人，攻其不备，巧取完胜。

再如，武德七年（624），李渊派李世民去迎击颉利可汗和突利可汗军队，李世民与可汗亲率的万余名骑兵在豳州（今陕西彬州市）遭遇，李世民判断“虏所持者不过是弓箭，今久雨不晴，弓箭受潮”，所以命令官兵潜师夜出，冒雨进攻，迫使突厥退兵求和（《资治通鉴·唐纪》）。李世民正确地分析了气象条件，做出了正确的决定，才能战胜这些骑兵。通过对这些战例分析，可以看出在作战中，将领对气象的判断并利用好，可以取得战争的胜利；判断不好，不善于利用就会丧失战机。

西汉，刘邦亲自率领军队赶到晋阳与匈奴的单于冒顿对峙。刘邦由于对天气状况研判不清，在天空下着雪，天气特别寒冷，有士兵冻掉手指的情况下，冒进追击，以致被围白登山上一直不能逃脱，这就是历史上著名的“白登山之围”。后来，阏氏劝说冒顿放了刘邦，刘邦在天降大雾、能见度极低的情况下，从白登山突围，安全下山。也正是这次天公作美，刘邦才能突围成功，这真是因“天”而困，因“天”而生。

纵观古今，一切战事活动都是在特定的环境条件下进行的，每一次战事也都受到周围环境的影响，而其中天气因素是最直接、最关键的影响因素。军事将领驾驭天气能力的大小也决定着战役的成败。俄罗斯莫斯科的严寒天气在130年之内就创造了两个战争奇迹。

第三次反法同盟崩溃后，1812年6月，拿破仑不宣而战，长驱直入莫斯科城。对抗法军的俄军统帅是拿破仑的克星库图佐夫，他琢磨着用天寒地冻的莫斯科之冬困死、拖垮侵略者。

寒冬里法军进入莫斯科城，但在有计划破坏的空城里，找不到粮食，又冻又饿，饥寒交迫，拿破仑只好命令法军西撤。在俄国千里冰封、万里雪飘的环境中，法国士兵一路又遭俄军拦截和农民袭击，加上冻馁，死伤累累，溃不成军。拿破仑乘雪橇仓皇逃回法国。法军在莫斯科之战的失败为法兰西第一帝国敲响了丧钟，拿破仑从军事生涯的顶峰跌落下来，后来再败于莱比锡战役、滑铁卢之战。库图佐夫巧用严冬气候击败拿破仑是世界近代战争史上的杰作。

第二次世界大战中的关键战役“诺曼底登陆”，充分利用了“天时”之机。1944 年 6 月 6 日，艾森豪威尔发起了代号为“霸王”的战役，大约有 17 万人上了船准备进攻，但是，就当时的天气预报状况来说，正是近 40 年或 50 年以来最坏的天气，首席气象学家斯塔格（Stagg）指出，“一连串的三个低压带正慢慢地从苏格兰穿过大西洋，向纽芬兰岛移动”，如果在这样的坏天气下强行进攻，可能导致惨败。关键时刻，斯塔格运用了当时最先进的预报方法，在最后的关键时刻做出了人类历史上至关重要的预报：坏天气将会有一个短暂中止。正是这个关键的天气预报，英国盟军能够在异常恶劣天气情况下展开诺曼底登陆这一历史性战役。

四　气象科技在实践中的进步与发展

（一）战争中天气预报至关重要

世界上第一张天气图诞生于 1820 年。但是，严格来说，现代意义上的天气预报业务与 1854 年发生在黑海的一场强风暴密切相关。[①] 1854 年冬季，在黑海上英法联合舰队与俄军决战前夕，英法联合舰队遭遇了一场突如其来的强风暴，强风暴导致联合舰队 30 多艘舰船沉没。这开启了现代天气预测业务的研究。当时巴黎天文台台长勒·弗里埃（Le Verrier）经过与各国联合研究，找出了这次风暴的移动规律。研究显示，此次强风暴在联军舰队到达驻地之前已经形成，并且已经影响了西班牙和法国的部分地区。设想当时如果在欧洲沿线一些地区设置自动气象站，风暴的预报预警信息就可以提前传递给英法联合舰队，避免英法联合舰队舰船沉没的悲剧。1856 年，鉴于天气因素在战争中的作用，法国组建了第一个现代天气服务系统，每日监测传输气象实况，首次开启天气预报的现代气象业务。中华人民共

① 郭起豪：《气象预报史话：从占卜到科学》，《大众科学》2016 年第 3 期。

和国成立前后，延安时代的气象事业首先也是为了满足军事活动的需要而创建的。1944 年，为了配合美军 B-29 轰炸机轰炸华北、东北及日本本土的日本部队，中央军委三局在清凉山创建了历史上第一支气象训练队，出色完成任务后，中共在陕甘宁、晋冀鲁豫等解放区相继建立了 6 个气象站，这也是中共建设的第一批气象站。

（二）气象科技在实践中发展

华夏民族人文先始伏羲氏通过观天察地总结了一套最早的天气预报理论，用图案（卦象）表示天气预报结果，由此便形成了古代气象预测的理论雏形。进入西周以后，八卦的符号两两组合衍生出了六十四卦，构建了原始的预测自然事物的“大统一理论”模型。[①] 秦汉时期国家专门设立了太史令等气象机构，制定了观测天气的制度。在担任太史令时张衡著《灵宪》，还发明了“相风铜乌”的测风仪器，这也是世界上最早的观测风向的气象仪器。在张衡的带领下，当时中国的天文气象学走在了世界前列，并对气象学的独立发展产生了重大的影响。东汉杨厚在前人的基础上还总结了一套通过观测天文现象预测天气现象的理论。隋唐时期，易学的集大成者李淳风所著《乙巳占》是世界气象史上最早的专著，他创造性地把风向划分为 24 个方向，成为世界上最早给风力定级的人。到了宋元明清时期，气象学也得到了较大的发展，宋代沈括的《梦溪笔谈》中记载了大量的关于气象学的一些预测方法。明朝刘伯温进一步融合古人的天气、气象、易经等理论学说，发展了奇门遁甲学说。进入清朝，由于西方学说影响，清政府运用外国人管理气象事务，基于传统文化的气象预测理论受到阻碍而停滞不前。

20 世纪初期，各种气象数据都是在地面测得的，而对天气影响巨大的各种空中气象数据还无法测出，而气象卫星开创了宇宙空间观测大气的新时代。进入近现代，随着数值模式的发展，现代军事家和气象学家对于气象知识的运用则更加实用，他们研究自然气候特点和气象要素变化并加以人工干预，或用于防灾减灾的民生领域，或用于军事技术研究，气象因素

---

① 张改珍、李慧欣：《中西古代气象科技发展之比较——刘昭民访谈》，《气象科技进展》2018 年第 1 期。

和气象环境正在发挥着巨大的作用。

结　语

自冷兵器时代到高科技时代，从国外到国内，作为战场环境的可变元素之一的气象条件，在从古至今的历次战争中起着至关重要的作用，有时候甚至成了战争的转折点，左右着战争的走向。气象科技在战争中发挥重要作用的同时，也推动着气象科技本身的进步；气象科技的进步正改变和影响着人类的生活，也推动着人类其他科技领域的进步，促进人与自然的和谐共生。

气候与文明史

《滇南月节词》中的云南气候

杨　丽*

摘　要：明代著名文学家杨慎因“议大礼”被谪戍云南35年，在此期间留下了大量脍炙人口的作品，他对云南经济、社会和文化的发展产生了深远的影响。他的作品《滇南月节词》对云南温和宜居、四季如春的气候，变化多姿的云彩，“一山有四季、十里不同天”的立体气候以及风、霜、雪等天气现象都进行了生动的描写，写出了云南四季之美、山水之奇，为我们呈现了一幅美妙动人的云南画卷。本文主要对《滇南月节词》中涉及气候、天气的描写进行粗浅的分析，让大家通过杨慎诗词更加全面了解云南丰富多彩的气候资源。

关键词：杨慎　《滇南月节词》　云南气候　七彩云南

杨慎，字用修，初号月溪、升庵，又号逸史氏、博南山人、洞天真逸、滇南戍史、金马碧鸡老兵等，明代新都（今四川省成都市新都区）人，明代著名文学家、思想家、书法家，以博物洽闻闻名于世。据《明史》记载：“明世记诵之博，著作之富，推慎为第一。”王夫之称赞杨慎的诗“三百年来最上乘”，近代著名学者陈寅恪先生亦言：“杨用修为人，才高学博，有明一代，罕有其匹。”其代表作《临江仙·滚滚长江东逝水》，借咏史抒写兴亡，全词慷慨悲切，读来令人荡气回肠，回味无穷。杨慎自幼聪慧过人，明朝正德六年（1511）殿试状元，嘉靖三年（1524）因“议大礼”被谪戍云南35年。在云南的35年间，他周游云岭各地，写作、讲学，广交朋友，靠广博的学识和正直的人品，获得云南各族人民的尊重与喜爱。他平生著述400余种，内容涉及经史、

*　杨丽，大理州气象局，大理州气象学会会员。

诗文、哲学、宗教、书画、医药、天文、地理、博物学和民族学等，几乎都是在云南放逐时期完成的，被称为明朝著作最多的一代“名囚”、一代云南历史文化名人。

中国山水的盛名大都与文化名人有关。泰山因孔子名扬天下，终南山因老子闻名于世，山山水水因文人墨客赋予的灵魂得以千古传诵。云南山水因明代才子杨慎谪滇期间留下的大量广为传诵的诗句而得以名闻天下，杨慎对云南经济、社会和文化的发展产生了深远的影响。

云南气候风物明显有异于诗人故里四川及广大中原地区，带给杨慎完全不一样的感受。谪居云南期间，杨慎十分关注云南的气候特点，通过切身体验，感受云南之美，将自己的感受用笔记录下来。其在《滇海曲》中所写“天气常如二三月，花枝不断四时春”，让昆明获得“春城”的美誉，也使得“四季如春”的云南名扬天下。透过字里行间我们能感受到升庵先生对云南的喜爱，这是他留给云南的一笔极为珍贵的无形资产。其仿欧阳修十二月鼓子词创作而成的《滇南月节词》，以渔家傲词牌连填十二首月节词，按照农历十二个月的顺序写成，逐月描写云南的气候风光、节日风情，全词构思巧妙，文字清新自然，读来朗朗上口，以通俗的文字记叙了当时的民间习俗及美丽的典故传说。[①] 本文主要对他的作品《滇南月节词》中涉及天气、气候的描写进行粗浅的分析，让大家通过杨慎诗词更加全面了解云南多种多样的气候资源。此处“滇南”是古云南的称谓，同我们现在通常所指的云南南部略有差异。

一　描绘了美妙动人的云南画卷

在古人眼中，云南被视为山高道险、瘴气环绕、野兽出没、百姓骄悍不开化的蛮荒之地。唐德宗年间，南诏王异牟寻上书归唐，因云南路途遥远险阻，唐德宗在选派前往抚谕的官吏时，官吏纷纷推辞。《新唐书·袁滋传》载：“韦皋始招来西南夷，南诏异牟寻内属，德宗选郎吏可抚循者，皆惮行，至滋不辞，帝嘉之。”仅仅是来云南宣读皇帝的谕旨，满朝

① 丁红英：《〈滇南月节词〉——四百多年前的云南游览画卷》，《文山师范高等专科学校学报》2007 年第 1 期。

官吏“皆惮行”，可见古人心中的云南之荒蛮、偏远。明末清初学者顾祖禹也说：“云南古蛮瘴之乡，去中原最远。”云南因地处偏远，民族风俗与中原相差甚远，历朝历代皆被视为教化不及的蛮荒之地，受到中原人的轻视，更谈不上认识云南优美的自然风光和独特的气候资源。刚被流放云南的杨慎，心中满是苦闷、忧虑，加之云南路途遥远，诗人对前程充满恐惧、担忧。其在江陵（今湖北荆州）与妻离别之时写下了《江陵别内》：“……萧条滇海曲，相思隔寒燠。蕙风悲摇心，菌露愁沾足。山高瘴疠多，鸿雁少经过。故园千万里，夜夜梦烟萝。”诗中云南高原寒冷，边远萧瑟，瘴雾弥漫，人迹罕至，就连天上的鸿雁都很少经过。谪居云南多年的杨慎足迹遍布滇云山水名胜，纵情于云南山水之间，与各少数民族朝夕相处，被亲切地称为“杨状元”。他逐渐喜欢上云南旖旎宜居的风光气候、被热情淳朴的民众感动，改变了对云南的看法，写下了“渡口梅风歌扇薄。一声留得满城春”（杨慎《天仙子·梦作》）等佳句，以全然不同于初贬云南时的笔触，呈现给人们气候温和、春意盎然、欣欣向荣的崭新云南。

在《滇南月节词》中，杨慎以他观察入微的视角，满怀对云南风物的热爱，对云南气候的情有独钟，用他的生花妙笔给我们勾画出一幅又一幅柔美多姿的云南画卷。《滇南月节词》仿欧阳修十二月鼓子词创作而成，按照农历十二个月的顺序写成。杨慎有一段书跋提及其写月节词的要旨：“宋欧阳六一作十二月鼓子词，即今之渔家傲也，元欧阳圭斋亦拟为之，专咏元世燕风物。余流居滇云廿载，遂以滇之土俗，拟两欧为十二阕，虽藻丽不足俪前贤，亦纪并州故乡之怀耳。”① 从跋记可读出杨慎居滇二十年，已经把云南当作他的第二故乡。《滇南月节词》对云南气候风物的描写极为细致生动，通篇表达了对云南的山水、风物的热爱，描写云南气候风物、物产民俗，将云南描绘得春意盎然、充满生机，运用了大量文字对云南温和宜居的气候进行了生动的描绘，给读者呈现了一个完全有异于蛮荒不化之地的崭新云南，改变了古人眼中云南的形象。

---

① 胡文群：《杨慎及其〈滇南月节词〉》，《楚雄师专学报》1994 年第 2 期。

二 《滇南月节词》中四季如春的云南

云南最宝贵的资源就是独特的气候资源，说到云南就不得不提云南四季如春的气候。云南因地处低纬高原地区，地形复杂，形成了典型的低纬高原季风气候，夏无酷暑、冬无严寒、四季如春、气候温和为云南气候的主要特点，尤其是滇中地区年平均气温在15.0℃的地区最为明显。一方面，除河谷和南部少数地区外，大部分地区夏无酷暑，最热月平均气温一般在20.0℃～28.0℃，35.0℃以上的高温日一般不出现或很少出现。大多数地区极端最高气温要比我国东部各省低5.0℃～10.0℃。另一方面，除少数高寒山区外，大多数地区冬无严寒，最冷月平均气温多在8.0℃～10.0℃，比东部各省高5.0℃～10.0℃，极端最低气温也比我国东部各省高。[①] 云南最吸引人的就是全年舒适宜居的气候。杨慎谪居云南35年，在安宁温泉一带居住了20年，后移居昆明西山高峣“碧峣精舍”，他的足迹遍布永昌（今保山）、大理、剑川、临安（今建水）。他接触到迥异于南京、四川的气候类型，对云南四季如春的气候感触颇深，用生动的文字写下了大量描写云南四季如春气候的文学作品。《滇南月节词》就是其中杰出的代表作之一，在《滇南月节词》中，杨慎不惜笔墨对云南正月到腊月满目春光、四季花开不断极尽溢美之词。

“正月滇南春色早，山茶树树齐开了，艳李夭桃都压倒。妆点好，园林处处红云岛……”作者开篇就为我们描绘了一幅山茶竞开、百花齐放的早春图。辞旧迎新的春节，陆游《除夜雪》笔下，神州大地还是“北风吹雪四更初，嘉瑞天教及岁除”的隆冬景象，地处西南边陲的云南却已是草绿花红。立春刚过，因马嘶花放而闻名天下的山茶花笑傲风霜，凌风绽放，如红霞般将那满山园林点缀成了“红云岛”，以勃勃的生机给滇南大地传递春的讯息。接下来杨慎用“二月滇南春嬿婉……三月滇南游赏竞……”给我们呈现了云南大地处处鸟语花香、草木生辉的春天踏青图。嫩绿的小草铺满小路，人们呼朋唤友、争先恐后，唱曲对歌，悠扬婉转的调子此起彼伏，此呼彼应，飘荡在山间林莽。

---

① 王声跃主编《云南地理》，云南民族出版社，2002，第65页。

“四月滇南春迤逦……八节常如三月里……”“迤逦”常用来形容道路、山、河等弯弯曲曲、绵延不绝的样子。此处升庵先生用了“迤逦”一词来形容云南春天的绵长，云南的春天如同云南的山峰一般迤逦绵长，虽然已经是立夏节气，其他地方春天匆匆而来，匆匆而去之时，云南的天气仍然如三月间，春姑娘仍然不舍离去。

“五月滇南烟景别，清凉国里无烦热”“六月滇南波漾渚，水云乡里无烦暑”。到了盛夏季节，云南仍然“无烦暑”，阵阵微风轻拂、丝丝夏雨透凉，气候清凉。“七月滇南秋已透，碧鸡金马山新瘦”“八月滇南秋可爱，红芳碧树花仍在”。刚刚还是春意盎然一下子又已是秋意浓浓。当大江南北还在“秋老虎”的肆虐之下，云南却已是秋气爽人。“妆阁畔，屠苏已识春风面”，到了年末，人们热热闹闹准备过春节的喜庆气氛中，在阵阵屠苏酒香中，春天已经在萌动，透过升庵先生的诗句我们仿佛闻到了丝丝春天的味道。

三 《滇南月节词》中的七彩云南

云南得名于“彩云见于白崖，县在其南，故名云南”的美丽传说。沈从文先生在《云南看云》[①] 中写道：“见过云南的云，便觉得天下无云”“云南的特点之一，就是天上的云变化得出奇。尤其是傍晚时候，云的颜色，云的形状，云的风度，实在动人”。作家陈应松在《云雨梦乡》一文中写道：云南是“中国的云雨梦乡”，“云南的云和雨，就像云南的血脉一样，流淌在每一个角落”。[②] 来自太平洋的东南季风和来自印度洋的西南季风在云南交汇，两支气流在空中盘桓流连、缠绵难舍，形成了云南云海蒸腾、湿润多雨的立体化、多样性气候特征。

来到云南的杨慎被云南云的姿态万千、多彩多姿深深打动，《滇南月节词》给我们描绘了唯美的云南云景。“六月滇南波漾渚，水云乡里无烦暑。东寺云生西寺雨。奇峰吐，水椿断处余霞补。”这是对云南之云唯美的描写，群山环抱中滇池碧波万顷，烟波浩渺，微风轻拂，夏雨阵阵带来丝丝

① 《沈从文选集》，四川人民出版社，1983，第 343 页。

② 陈应松：《云雨梦乡》，《人民日报》（海外版）2019 年 5 月 16 日，第 11 版。

清凉，座座青山在乳白色的云雾中时隐时现。雨过天晴七彩斑斓的彩虹挂在天边，彩虹边上还有朵朵彩云流过。彩云，又称虹彩云，指具有明亮彩色光条或光带的云，是一种光线在云中的折射现象。云南气象事业的开拓者和奠基人陈一得先生研究发现："云南的特点是彩云很多，有时候是天气转变的征兆。"陈一得先生对明朝以来云南地方志书中关于彩云的记录进行整理，自明洪武十五年（1382）到清宣统三年（1911）共记载出现彩云248次。[①] 杨慎对水椿（水桩）尤其关注，水椿是云南方言词汇，指的是比较短的彩虹。他的许多作品中都提到过彩虹。他在《滇海竹枝词（其二）》中写道："东浦彩虹悬水椿，西山白雨点寒江，烟中艇子摇两桨，空里鹭鸶飞一双。"杨慎对彩云预示未来天气也很关注，在《滞雨绝句》序中写道："元月二十六日立秋，晓见红霞，以为晴景也，野人谓予曰：此虹饮水而低，暗辉而短，谓之水桩，非晴兆也。明日果雨。"

杨慎在《滇南月节词》中对云南云的描写还有许多。"七夕人家衣�院绣，巧云新月佳期又，院院烧灯如白昼。"七夕秋夜，纤薄的云彩在天空中变幻多端，一轮新月挂在天边，一幅澄净明远的祥和秋夜图。"遥岑远目天澄派""西山爽气当窗牖"等诗句为我们呈现一幅幅秋高气爽、天高云淡、月明风清的秋季美景。"冬月滇南云护野，曹溪寺里梅开也"云南的冬天，在让人心醉的湛蓝天空的映衬下，朵朵白云在旷野上空徜徉，曹溪寺中高洁清幽的古梅粲然开放。蓝天、白云、古梅构成了一幅天高云低、云卷云舒的唯美冬景。

四 《滇南月节词》中的云南其他天气现象

在《滇南月节词》中，杨慎对云南的风、露、霜、雪等天气现象均进行了生动的描绘。因苍山十九峰挡住了东西两面空气的对流，苍山斜阳峰与哀牢山脉的者摩山交会的下关天生桥峡谷为下关空气对流的山口，形成了狭长的风路，致使下关风烈性十足，四季不停肆虐在苍洱大地。云南大理自古以"风花雪月"四景著称，杨慎在《滇南月节词》中对四景之首"下关风"也有描写。"十里湖光晴泛艓，江鱼海菜鸾刀切，船尾浪花风卷

① 解明恩：《云南看云》，《气象知识》2018年第1期。

叶”，在湖光山色之间泛舟洱海，阵阵海风卷积着浪花。“风弄袖，刺桐花底仙裙皱。”农历七月，阵阵微风拂过衣袖，吹皱了姑娘身上刺桐花底的裙子。

“九月滇南篱菊秀，银霜玉露香盈手，百种千名殊未有，摇落后，橙黄橘绿为三友。摘得金英来泛酒，西山爽气当窗牖，鬓插茱萸歌献寿。君醉否，水晶宫里过重九。”重阳登高之际，千姿百态的秋菊争相开放，散发出阵阵清香，花瓣上露珠晶莹剔透、珠圆玉润，惹人怜爱，在这秋高气爽的秋天，以落英缤纷来下酒，是不是如同水晶宫中一般的神仙日子。

“蜀锦吴绫熏夜馥，洞房窈窕悬灯宿，扫雪烹茶人似玉，风动竹，霜天晓角肌生粟。”尽管云南四季如春，但也有下雪的时候，难得的瑞雪，让很少遇到下雪的人们欣喜不已，忙着扫雪烹茶。“江上鸣蟾初冻夜，渔蓑句好真堪画，青女素娥纷欲下。银霰洒，玉鳞皴遍鸳鸯瓦。”中国古代青女指的是天上掌管霜雪的霜神，素娥是掌管月亮的月神。冬月夜晚，蟾蜍鸣叫，江上披着蓑衣的渔翁形成了如画一般的景致，青女和素娥纷纷来到人间，薄薄的青霜如片片鱼鳞洒落在鸳鸯瓦片上，在清冷月光的照耀下闪着银光，一派清凉凄美的景色。

五 《滇南月节词》中的云南气候变化

苍山雪是云南大理“风花雪月”四景之一，苍山最高峰海拔 4122 米，苍山十九峰海拔在 3700 ~ 4122 米不等，苍山之巅白雪皑皑，银装素裹。据文献记载，杨慎在云南期间：“慎以（嘉靖）六年有弥渡，七年客大理，八年寓赵州（今大理凤仪），其家仍在安宁。”[①] 由记载可知，杨慎曾经多次游历大理，与同为云南学者的好友李元阳畅游点苍山、石宝山[②]，寻访山水名胜，留下了大量记述大理气候风物的名句佳作。《滇南月节词》中“五月滇南烟景别，清凉国里无烦热，双鹤桥边人卖雪，冰碗啜，调梅点蜜和琼屑”描写的是芒种、夏至节气，一年中最为酷热的季节登场之时，当地群众到苍山顶取雪，调以黑色的炖梅和糖汁以消暑，在苍山脚下双鹤桥边普通百

① 参见《杨升庵诗文选》编委会编著《杨升庵诗文选》，四川大学出版社，2018，第 228 页。

② 张丑平：《论西南气候风物与杨慎贬谪文学创作》，《兰州大学学报》（社会科学版）2011 年第 6 期。

姓农历五月能吃到天然冷饮——雪，是多么惬意的事情。通过诗句的描写我们可以感受到杨慎在大理时期，当时气候比现在更为寒冷，到了农历五月，苍山顶上积雪仍然未消融。苍山顶积雪情况在他的作品《游点苍山记》中也有记述：“山巅积雪，山腰白云，天巧神工，各显其伎。”近年来随着气候变化，目前苍山十九峰是没有永久性积雪的，大理苍山之巅经年不化的雪景难得一见。通过杨慎作品中对苍山雪的描绘，也进一步证明了近年来云南气候发生的变化，温度有明显上升的趋势，现阶段大理的温度比明代偏高。

六 《滇南月节词》中的云南立体气候

由于印度洋板块与亚欧板块的碰撞，青藏高原及其东部的云贵高原大幅抬升，在云贵高原西侧被挤压的大地接连隆起、断裂，形成了横断山脉，在江河、群山之间劈削出一个个雄伟壮丽、摄人心魄的大峡谷；从山峰到谷底，你可以感受到从亚热带、暖温带、中温带、寒温带到寒带高山冰雪的垂直气候变化和奇异多变的自然景观。云南因地处云贵高原，境内海拔高差大，干湿季分明，历来就有“一山有四季，十里不同天”的说法，尤其是雨季“东边日出西边雨”的情况经常出现。杨慎在《滇南月节词》中对云南气候这一特别现象进行了生动描写。“六月滇南波漾渚，水云乡里无烦暑。东寺云生西寺雨”给我们呈现盛夏时节的云南天气变化无常，晴雨不定，东寺街看云卷云舒，西寺巷已经是滂沱大雨，生动写出了云南“一山有四季，十里不同天”的气候特点。

《滇南月节词》中杨慎对云南气候风物如数家珍，对云南气候特点记载十分生动，为后人研究明代云南气候及变迁提供了宝贵的文献资料。

附：《渔家傲·滇南月节词》

正月滇南春色早，山茶树树齐开了，艳李夭桃都压倒。妆点好，园林处处红云岛。彩架秋千骑巷笊，冰丝宝料星毬小。误马随车天欲晓。灯月皎，碧鸡三唱星回卯。

二月滇南春嬿婉，美人来去春江暖。碧玉泉头无近远，香径软，游丝摇曳杨花转。沽酒宝钗银钏满，寻芳争占新亭馆。枣下艳词歌纂纂。春日短，温柔乡里归来晚。

三月滇南游赏竞，牡丹芍药晨妆靓，太华华亭芳草径，花饾饤，罗天锦地歌声应。陌上柳昏花未暝，青楼十里灯相映，絮妥尘香风已定，沉醉醒，提壶又唤明朝兴。

四月滇南春迤逦，盈盈楼上新梳洗。八节常如三月里，花似绮，钗头无日无花蕊。杏子单衫鸦色髻，共倾浴佛金盆水，拜愿灵山催早起。争乞嗣，珠丝先报钗梁喜。

五月滇南烟景别，清凉国里无烦热，双鹤桥边人卖雪，冰碗啜，调梅点蜜和琼屑。十里湖光晴泛艓，江鱼海菜鸾刀切，船尾浪花风卷叶，凉意惬，游仙绕梦蓬莱阙。

六月滇南波漾渚，水云乡里无烦暑。东寺云生西寺雨。奇峰吐，水椿断处余霞补。松炬荧荧宵作午，星回令节传今古。玉伞鸡纵初荐俎，荷芰浦，兰舟桂楫喧萧鼓。

七月滇南秋已透，碧鸡金马山新瘦，摆渡村西南坝口。船放溜，松花水发黄昏后，七夕人家衣�院绣，巧云新月佳期又，院院烧灯如白昼。风弄袖，刺桐花底仙裙皱。

八月滇南秋可爱，红芳碧树花仍在，园圃全无摇落态，春莫赛，玫瑰采缕金针綵，屈指中秋餐沆瀣，遥岑远目天澄派，七宝合成银世界。添爽快，凉砧敲月胜竿籁。

九月滇南篱菊秀，银霜玉露香盈手，百种千名殊未有，摇落后，橙黄桔绿为三友。摘得金英来泛酒，西山爽气当窗牖，鬓插茱萸歌献寿。君醉否，水晶宫里过重九。

十月滇南栖暖屋，明窗巧钉迎东旭，速鲁麻香春瓮熟，歌一曲，酥花乳线浮杯绿。蜀锦吴绫熏夜馥，洞房窈窕悬灯宿，扫雪烹茶人似玉，风动竹，霜天晓角肌生粟。

冬月滇南云护野，曹溪寺里梅开也，绿萼黄须香趁马，携翠斝，墙头沽酒桥头泻，江上鸣蟾初冻夜，渔蓑句好真堪画，青女素娥纷欲下。银霰洒，玉鳞皴遍鸳鸯瓦。

腊月滇南娱岁宴，家家玉饵雕盘荐，安息生香朱火焰。槟榔串，红潮醉颊樱桃绽。苔翠氍毹开夜宴，百夷枕灿文衾烂，醉写宜春情兴懒，妆阁畔，屠苏已识春风面。

气候变化视野下的我国水旱灾神话研究*

陈　苹　李忠明**

摘　要：我国上古时期著名的神话几乎都与灾害现象相关，其中以水灾和旱灾的记载最多，如女娲补天、后羿射日等。这些灾害神话是先民对自然环境、极端气候的描述，反映了我国先民对自然界的认知，是中华民族独特民族精神和文化性格的载体。关于历史时期气候变化的研究成果和考古学的发展，为上古神话中气候灾害的深入研究提供了更多证据和数据，本文综合利用气候变化、考古学和文化学等学科相关研究成果及方法，探究上古时期水旱灾神话与气候变化的关系。气候变化视野下的神话研究，是气象学、历史学、文化学、人类学、宗教学等多学科交叉的研究，是新文科建设的新尝试。

关键词：神话　气候变化　水灾　旱灾

马克思认为，“任何神话都是用想象和借助想象以征服自然力，支配自然力，把自然加以形象化”，还指出神话是“在人民幻想中经过不自觉的艺术方式所加工过的自然界和社会形态”。[①] 上古神话的产生与自然界和先民对于自然界的原始认知息息相关。“上古神话生发的客观根源是上古人民的现实生活的生产和再生产。对于中国上古神话的探讨，我们不应该忽略神话中对史前自然环境变迁的记载”[②]，“神话最早记录了人类对自

---

*　本文系江苏省研究生创新计划项目（项目编号：KYCX_1351）的成果之一。

**　陈苹，南京信息工程大学科技史与气象文明研究院，研究方向为气象科技史、农业科技史；李忠明，博士，苏州城市学院城市文化与传播学院教授，研究方向为气象科技史。

①　马克思：《政治经济学批判导言》，贾玉英主编《马克思主义经典著作选读》，西南交通大学出版社，2018，第 57 页。

②　刘城淮：《中国上古神话通论》，云南人民出版社，1992，第 138 页。

然灾害的记忆及应对灾害的策略，为后世的相关知识和行为提供了源泉和典范"[①]。因此，"上古神话——即使是经过整理安排的上古神话——之足以为'史影'，具有一定的道理"[②]。如我国上古神话女娲补天、大禹治水和后羿射日等，这些上古神话不仅蕴含着我国先民"特有的神话世界观"，同时也是历史时期气候变化的"真实叙事"。在尚未有文字记载的社会时期，神话对于研究上古时期的气候变化具有重要的价值。

上古神话中蕴含着丰富的气象信息[③]，同时"由于神话本身所具有的混沌性与综合性，已成为现代人文科学以至某些自然科学的原点"。[④] 对于后羿射日所蕴含的内容，有学者指出是先民借助幻想，解除干旱和酷热的一种努力。[⑤] 还有学者指出，夸父逐日体现的是原始人民祈雨活动，因求雨未果，夸父被烈日暴晒而亡。[⑥] 上古神话蕴含的气候信息可以与自然代用指标的气候记录相互印证，深入挖掘上古神话中蕴含的气候变迁信息，为研究历史时期的气候变迁提供新的资料。水旱灾神话不仅是对历史时期自然现象、极端气候的描述，同时也反映了我国初民的科学认知、民族精神、文化性格等。目前我国气候变化视野下的神话研究，多以单一上古神话为主，或对历史时期的气候信息挖掘不够充分。因此，本文综合利用气象学、历史学、文化学、人类学等多学科交叉的方式探究气候变化视野下的水旱灾神话，是新文科建设的新尝试。

一　旱灾神话与历史时期的气候变化

（一）旱灾神话

在上古时期有关旱灾的神话有夸父逐日、十日杀女丑和后羿射日等，这些上古神话用夸张的手法记录了当时旱灾的状况，与今自然代用指标的

① 杨利慧：《世界的毁灭与重生：中国神话中的自然灾害》，《民俗研究》2018 年第 6 期。

② 袁珂：《中国神话史》，上海文艺出版社，1988，第 4 页。

③ 李忠明、相婷婷：《气候变化视野下的〈山海经〉神话研究》，《江苏第二师范学院学报》2018 年第 2 期。

④ 潜明兹：《中国神话学》，上海人民出版社，2008，第 204 页。

⑤ 冯天瑜：《上古神话纵横谈》，上海文艺出版社，1983，第 145 页。

⑥ 沈怀灵：《从上古文化看"夸父追日"神话的原始内涵》，《云南师范大学学报》（哲学社会科学版）1998 年第 3 期。

气候记录相印证，能够揭示上古神话与历史时期气候变化的关系。

1. **夸父逐日**

“夸父逐日”神话详载于《山海经》，有关其追日缘由，有两种说法：一出自《山海经·大荒北经》载“夸父不量力，欲追日景，逮之于禺谷。将饮河而不足也，将走大泽，未至，死于此。应龙已杀蚩尤，又杀夸父，乃去南方之，故南方多雨”①，为夸父不量力说；一出自《山海经·海外北经》：“夸父与日逐走，入日；渴，欲得饮，饮于河、渭，河、渭不足，北饮大泽。未至，道渴而死。弃其杖，化为邓林”②，为夸父与日逐走说。这两种说法均围绕夸父逐日而展开，夸父之死抛开神话色彩，实际情形应该是夸父处于一个极其干旱的时代，“河、渭不足”，这体现的是黄河、渭河干枯的状态，未至大泽而渴死，体现夸父因烈日炙晒而死。

在旧石器时代，以采集和狩猎为生的人们对水的需求并不大，当饮用水得到满足之时，人们对自然环境并没有密切的关注，但当原始农业产生时，人们对自然环境有了更多的关注，开始意识到极端天气的存在。学界对于上古神话的原始内涵历来就有诸多的看法，夸父逐日是为了抗击旱情所做出的努力得到较多的认可。如沈怀灵《从上古文化看“夸父追日”神话的原始内涵》③ 和刘城淮《中国上古神话》④ 均认为夸父逐日是为了消减旱灾。我们大致可以推断夸父所处的时代是极其干旱的，夸父逐日的神话体现出先民对于抗旱所做出的努力。与今考古资料相印证，夸父是新石器中晚期时的部落首领⑤，先秦时期我国水灾旱灾频发，水旱灾害的比例的总和为54%⑥，同时该时期人们征服自然的力量较弱，发生较大的自然变化时，人们便借助于神力对所发生的事情试图做出“合理性的解释”，“神话产生的思想基础，便是先民普遍信奉的‘泛灵论’”⑦。

① 袁珂：《山海经校注》，上海古籍出版社，1988，第427页。

② 袁珂：《山海经校注》，上海古籍出版社，1988，第238页。

③ 沈怀灵：《从上古文化看“夸父追日”神话的原始内涵》，《云南师范大学学报》（哲学社会科学版）1988年第3期。

④ 刘城淮：《中国上古神话》，上海文艺出版社，1988，第438页。

⑤ 肖华锟：《“夸父追日”神话考释》，《黄河·黄土·黄种人》2015年第8期。

⑥ 刘继刚：《中国灾害通史·先秦卷》，郑州大学出版社，2008，第9、13页。

⑦ 冯天瑜：《上古神话纵横谈》，上海文艺出版社，1983，第6页。

2. 十日杀女丑

“十日杀女丑”神话出自《山海经》。《山海经·海外西经》：“女丑之尸，生而十日炙杀之，在丈夫北，以右手鄣其面。十日居上，女丑居山之上。”[①] 女丑之死，源于十日同出，因暴晒而死。十日神话出自《山海经·海外东经》：“下有汤谷。汤谷上有扶桑，十日所浴，在黑齿北。居水中，有大木，九日居下枝，一日居上枝。”[②] 上古时期，初民对于日出日落的自然现象并未有合理的解释，十日传说的神话由此产生，昼夜交替的自然现象是十日轮流工作的结果，而十日并出的结果是出现严重的高温干旱。女丑之死，是十日炙杀而死，女丑究竟为何人?《山海经·大荒东经》：“海内有两人，名曰女丑。女丑有大蟹。”郭璞云注：“女丑即女巫也。”[③] 《山海经·大荒西经》“有人衣青，以袂蔽面，名曰女丑之尸”，在《山海经·大荒北经》中同样有一段记载，“有人衣青衣，名曰黄帝女魃”，女魃是传说中的旱神，其所居住的地方长期不下雨，后被置于赤水之北。女丑衣青，应当就是女丑假扮成旱魃；十日杀女丑应为发生旱灾之时初民所进行的求雨活动，女巫假扮旱魃被暴晒的场景。

在远古社会，逢干旱久不雨之时，有“暴巫”和“焚巫”之举，文献记载中不乏用此举以禳旱灾的记载。如《左传·僖公二十一年》“夏，大旱，公欲焚巫尪”，《论衡·明雩篇》：“鲁缪公时，岁旱，缪公问县子：寡人欲暴巫，奚如?”“焚巫尪”和“暴巫”均是因时逢大旱，焚巫和暴巫是为了求雨，证明我国在原始社会时期有暴巫和焚巫以求雨的传统。[④] 因而，“十日杀女丑”和“女丑着青衣”，极有可能是先民进行的求雨活动，求雨未果，女丑扮旱魃被暴晒而死，这寄托了先民对旱灾的痛恨以及祛除旱灾的决心。因而，“十日杀女丑”褪去神话的外衣，实际情形应该是该时代是极其干旱的，先民为了求雨而进行的祭祀活动，因求雨未果，女丑被暴晒而死。

3. 后羿射日

“后羿射日”的神话盛传于《淮南子》以后，《淮南子·本经训》载：“逮至尧之时，十日并出，焦禾稼，杀草木，而民无所食……尧乃使羿诛

---

① 袁珂：《山海经校注》，上海古籍出版社，1988，第 218 页
② 袁珂：《山海经校注》，上海古籍出版社，1988，第 260 页。
③ 袁珂：《山海经校注》，上海古籍出版社，1988，第 354 页。
④ 袁珂：《山海经校注》，上海古籍出版社，1988，第 218 页。

凿齿于畴华之野，杀九婴于凶水之上，缴大风于青丘之泽，上射十日而下杀猰貐……”[①]“后羿射日”和“十日杀女丑”均因十日并出扰乱了秩序，同属“十日神话”的范畴。而关于这两则神话的关系，清朝郝懿行认为：“十日并出，炙杀女丑，于是尧乃命羿射杀九日也。”[②] 经上文我们分析，“十日杀女丑”为天气极端干旱之时，先民所举行的祭祀活动。而后羿射九日留一日的上古神话，“是原始人民对太阳双重情感的体现，既需要太阳带来的光明和温暖，同时亦害怕十日并出所带来的过分的炎热和干旱”[③]。

多日神话在我国的神话体系中占有重要的地位，有关多日神话的原始内涵亦是后人乐于探索的对象。“干旱说”是目前研究多日神话代表性的观点之一，20 世纪茅盾提出多日神话的内涵是气候干旱。他指出，“我们现在从人类学解释法的立场而观，‘十日并出’之说大概也是从原始时代的生活经验发生的；史称汤之时有十年大旱，也许就是这种太古有史以前的大旱，便发生了‘十日并出。焦禾稼，杀草木’的神话”[④]。这种观点对于研究上古神话所蕴含的气候变化信息提供了思路，后有学者认为多日神话的形成或出现是因为受到古气候和环境特别干旱的影响。[⑤] 此外，还有学者认为后羿射日的含义就是抗御“十日并出”的酷旱之灾。[⑥] 虽然对于上古神话的内涵学界聚讼纷纭，但就神话产生的根源而言，神话产生的原因是多元的，但气候变迁可视为自然性神话产生的重要原因。同时，上古神话传递的气候变化信息可与今日自然气候证据的研究相互印证，有利于破译蕴藏在上古神话中的原始气候密码。

（二）旱灾神话与历史时期的气候变化

在没有文字记载的上古社会，神话传说对于研究上古时期的气候变化尤为重要。对于中国旱灾神话所蕴含的气候变化的信息，我们可以与现今历史时期气候研究相印证。近年来考古学技术应用于史前断代工程，取得了大量

① 《淮南子》，陈广忠译注，中华书局，2016，第 393 页。
② 袁珂：《山海经校注》，上海古籍出版社，1988，第 218 页。
③ 刘城淮：《中国上古神话通论》，上海文艺出版社，1983，第 144 页。
④ 茅盾撰《茅盾说神话》，上海古籍出版社，1999，第 68～69 页。
⑤ 高福进：《射日神话及其寓意再探》，《思想战线》1997 年第 5 期。
⑥ 廖群：《神美隐现：史前·夏商卷》，上海古籍出版社，2017，第 89 页。

的成果。李伯谦《考古学视野的三皇五帝时代》一文将考古学重建的古史体系与中国的古史体系相对应，指出：黄帝、炎帝时期处于新石器时代的晚期，距今4500～5000年；颛顼、帝喾、尧、舜、禹时期处于新石器时代的末期，距今4000～4500年；夏商周时期距今2000～4000年。[①] 董立章所著《三皇五帝史断代》依古文献记载的历朝存在的年数与考古学的发现综合考察，对于我国的上古史进行断代，其三皇五帝夏商周年代如表1所示。[②]

表1　三皇五帝夏商周年代

朝代	终始年代
伏羲朝	公元前5341年～前4082年
炎帝朝	公元前4081年～前3702年
黄帝朝	公元前3701年～前3302年
少昊帝	公元前3301年～前2902年
颛顼朝	公元前2901年～前2556年
帝喾朝	公元前2555年～前2256年
帝挚朝	公元前2255年～前2247年
唐朝	公元前2246年～前2174年
虞朝	公元前2173年～前2146年
夏朝	公元前2145年～前1675年
商朝	公元前1674年～前1046年
西周	公元前1045年～前771年

资料来源：参见董立章《三皇五帝史断代》，暨南大学出版社，1999，第560页。

沈长云也指出，五帝时代是夏朝之前的一个历史时期，是客观事实，而非人为编造，他认为五帝阶段中国所处的社会应该属于酋邦阶段，“五帝起始年代的上限应在公元前2500年或公元前2300年”。[③] 目前，对于三皇五帝年代的断代虽有差别，但考古学的发展和上古时期遗址的发掘为我们了解史前文明和上古时期断代工程提供了重要的资料，基于以上材料的分

① 李伯谦：《考古学视野的三皇五帝时代》，赵德润主编《炎黄文化研究》（第13辑），大象出版社，2011，第12页。

② 董立章：《三皇五帝史断代》，暨南大学出版社，1999，第560页。

③ 沈长云：《五帝时代的历史学、考古学及人类学解读》，《中原文化研究》2020年第5期。

析和夏商周断代工程简报，我们可以推断黄帝时期距今5000年左右，尧舜禹时期距今4000～4500年，而中国上古时期干旱神话发生的时期大都产生于此时期。揭秘上古神话所蕴含的气候变化的信息，还可以与现今历史气候变迁的研究结果相印证。

文献记载与自然证据相互校核重建历史时期的气候变化是我国独特的研究方法。上古神话中蕴含的气候变化的信息也可与自然证据相互校核，在探讨中国历史时期的气候变化之时，亦可窥探上古神话的原始内涵。基于近年来古气候学研究的进展，我们可以对上述神话发生的背景做一简单的梳理。研究历史时期的气候变化表明，中国全新世气温可以明显地划分为三个阶段，即早全新世（11.5～8.9kaB.P.）、中全新世（8.9～4.0kaB.P.）和晚全新世。其中中期为全新世大暖期，气温整体高于现代1℃左右，其中8.0～6.4kaB.P.为大暖期的鼎盛期，气温整体高出现代1.5℃左右。[①] 从“距今5000～6000年，这个阶段的气候波动剧烈，是环境较差的时期”[②]，而对于这个阶段的气候的剧变，葛全胜指出，“6.0～5.0kaBP，是气候剧烈波动且伴随显著降温转干的阶段”[③]，王绍武称5.5kaBP气候事件是发生在全新世中期的一次气候突变，以气候变冷、变干为主要特征[④]，由此可知距今5000～6000年，气候温度较高且较为干旱。对于这次气候变化所带来的影响，吴文祥等人指出5500aBP气候事件使中国气候带南移，黄河流域的湖泊面积缩小，沼泽化加快，掀起了新一轮移民浪潮。[⑤] 综合上述对于距今5000～6000年的气候状况的分析，我们可知当时夸父所处的时代是个高温干旱的时代，结合历史时期的气候变化的资料，以抗击旱情作为解释夸父逐日神话的原始内涵也是合理的。

通过对上古时期气候的研究进行整理，笔者发现“十日杀女丑”和“后羿射日”时期气候有较大的突变。据郝懿行注解，我们大致可以推断这两则神话的发生大抵出自同一时期。结合上述对于三皇五帝的断代工程，

---

① 方修琦、侯光良：《中国全新世气温序列的集成重建》，《地理科学》2011年第4期。

② 满志敏：《中国历史时期气候变化研究》，山东教育出版社，2009，第98页。

③ 葛全胜等：《中国历朝气候变化》，科学出版社，2011，第23页。

④ 王绍武：《5.5kaBP事件》，《气候变化研究进展》2009年第5期。

⑤ 吴文祥、刘东生：《5500aBP气候事件在三大文明古国古文明和古文化演化中的作用》，《地学前缘》2002年第1期。

这两则神话发生的时间距今约4200年，我们对于该时期的气候变化做一简单的梳理。我国古气候研究的学者，曾多次提到4.2kaBP气候事件，这是一次全球性的气候事件。该时期，我国东北地区“在4.2kaBP左右有一次大的气候转型，从之前长时间的湿润状态转为之后的干旱状态”。[①] 王绍武等利用考古学的资料重建五帝时期的气候，作者指出，“4.2kaBP到4.0kaBP有一个由湿到干的气候突变”[②]，而对于这次气候变化的原因，王绍武解释道：“4.2kaBP事件处于受岁差影响夏季风衰退、气候转干旱的长期过程中。因此，气候转干旱十分明显。”[③] 综合气候变化的研究资料，我们可知，该时期仍属于全新世暖期，气温高于现代，同时亦是一个由湿润到干旱的过渡期，当先民对气候的变化无法解释时，便借助于十日传说来解释气候长期干旱的状况。因而，我们可以推断“十日杀女丑”是对历史时期气候干旱的记载，“后羿射日”便是先民解除干旱的一种努力，一种抵御自然灾害思想的体现。

二 洪水神话与历史时期的气候变化

（一）洪水神话

在中国的神话体系中，梁启超指出“上古有一大事曰洪水。古籍所记，与洪水有系属者凡三。其一，在伏羲神农间，所谓女娲氏积芦灰以止淫水是也。其二，在少昊颛顼间，所谓共工氏触不周之山是也。其三，鲧禹治水也”。[④] 洪水神话作为记录上古时期洪水的载体，也具有“史影”的功能。

1. 女娲补天

有关女娲的上古神话在我国古籍中多有记载，以《淮南子》中记载最为详尽。其文如下：“往古之时，四极废，九州裂，天不兼覆，地不周载；火爁炎而不灭，水浩洋而不息；猛兽食颛民，鸷鸟攫老弱。于是女娲炼五色石以补苍天，断鳌足以立四极，杀黑龙以济冀州，积芦灰以止淫水。苍

---

① 葛全胜等：《中国历朝气候变化》，科学出版社，2011，第23页。

② 王绍武、闻新宇、黄建斌：《五帝时代（距今6~4千年）中国的气候》，《中国历史地理论丛》2011年第2期。

③ 王绍武：《4.2kaBP事件》，《气候变化研究进展》2010年第1期。

④ 梁启超：《国史研究六篇》，中华书局，1947，第86页。

天补，四极正，淫水涸，冀州平，狡虫死，颛民生；背方州，抱圆天”。[①]对于女娲补天神话的原始内涵历来有诸多看法，如地震说[②]、陨石灾害说[③]、历法说[④]、婚姻形态变化说[⑤]、修补房顶说[⑥]以及祭祀巫术说[⑦]等。虽然对女娲补天神话原始内涵的解释存在着差异，但女娲补天反映的是上古时期的自然灾害是基本得到认可的。“水浩洋而不息”无疑是对于史前时期一次大洪水的记录，“积芦灰以止淫水”是“女娲补天”的措施之一，因而有学者提出，女娲补天是同一种自然灾害在六个方面的表现。[⑧] 对于女娲生活的年代的考证，闻一多指出考古出土的石画像和绢画指出女娲与伏羲属于“兄妹配偶”[⑨]，而“女娲抟土造人”，后人知其母不知其父的状况，反映出女娲所处的时代是母系氏族社会。[⑩]

2. 共工触山

古籍中关于共工触山的神话有多处记载，且时间跨度较长，此处对共工触山的时间做一简单梳理。《史记》载，共工“乃与祝融战，不胜而怒，乃头触不周山崩，天柱折，地维缺。女娲乃炼五色石以补天，断鳌足以立四极，聚芦灰以止滔水，以济冀州”。[⑪]《史记》中“共工触山”的上古神话与女娲补天的上古神话交织在一起，是女娲神话的一个分支。《淮南子》中亦有多处关于“共工触山”神话的记载。《淮南子·天文训》载：“昔者共工与颛顼争为帝，怒而触不周之山。天柱折，地维绝。天倾西北，故日月星辰移焉；地不满东南，故水潦尘埃归焉”[⑫]。《淮南子·兵略训》载

---

① 《淮南子》，陈广忠译注，中华书局，2012，第323页。

② 王黎明：《古代大地震的记录——女娲补天新解》，《求是学刊》1991年第5期。

③ 王若柏：《破译神话“女娲补天”：史前陨石灾害对人类文明进程的影响》，气象出版社，2011，第4~5页。

④ 吴晓东：《女娲补天、后羿射日与夸父逐日：闰月补天的神话呈现》，《民族艺术》2019年第2期。

⑤ 齐昀：《从上古洪水神话看女娲补天的文化内涵》，《青海师范大学学报》（哲学社会科学版）2004年第6期。

⑥ 王安民：《女娲氏走出神话长廊》，《天水师范学院学报》2004年第6期。

⑦ 王金寿：《关于女娲补天神话文化的思考》，《甘肃教育学院学报》（社会科学版）2002年第2期。

⑧ 吴伯田：《再论“女娲补天”是抗地震》，《浙江师范大学学报》（社会科学版）1986年第2期。

⑨ 闻一多撰《伏羲考》，上海古籍出版社，2009，第5页。

⑩ 吴泽：《女娲传说史实探源》，《学术月刊》1962年第4期。

⑪ 《史记》，中华书局，2013，第4024页。

⑫ 《淮南子》，陈广忠译注，中华书局，2016，第104页。

“共工为水害，故颛顼诛之”[①]，《淮南子》中记载的“共工触山”是因与颛顼争帝。“对于这些众多的共工，似也只宜看作远古共工氏族历世延续的泛称”，而“颛顼、共工之‘争’，无疑属人事”。[②]《淮南子·本经训》载：“舜之时，共工振滔洪水，以薄空桑”[③]，虞舜之时，共工为水害，后有“大禹治水”。古籍中有关共工氏族的记载颇多，上及远古，下到虞夏，有关共工的传说基本与水有关，《左传》载“共工氏以水纪，故为水师而水名”。共工触山在我国洪水神话体系中占有重要的地位，而有关共工氏的神话从人类初期到夏商时期。由对于“共工触山”神话的研究，可知上古时期三次大规模的洪水，而在洪水出现的时间上也具有一定的跨度性。

3. **大禹治水**

大禹治水的上古神话在《山海经》和《淮南子》中均有记载。《淮南子》载：“舜之时，共工振滔洪水，以薄空桑。龙门未开，吕梁未发，江淮通流，四海溟涬，民皆上丘陵，赴树木。舜乃使禹疏三江五湖，辟伊阙，导廛涧，平通沟陆，流注东海。鸿水漏，九州干，万民皆宁其性。”[④]《山海经·海内经》载：“洪水滔天，鲧窃帝之息壤以堙洪水，不待帝命。帝令祝融杀鲧于羽郊。鲧复生禹，帝乃命禹卒布土以定九州。”[⑤]

大禹治水是否为史实，学界尚无定论。20 世纪初以顾颉刚为首的疑古学派和传统的经学派就大禹治水的史实性问题展开激烈的争论。马宗申指出，尽管在大禹治水的问题上各家说法不一，存在着严重的分歧，但在“洪水”问题方面，都未否定古代洪水的存在。若洪水为史实，那治理洪水的人必然存在。[⑥] 古文字中有关大禹的文字材料较少，2002 年发现的西周中期青铜器遂公盨的铭文是大禹传说的最早的文字记载，全文共 10 行，98 字（一说 99 字[⑦]），铭文中的个别字存有争议，但不影响其大意。此处采用李学勤《遂公盨与大禹治水传说》的释读。文曰：

---

① 《淮南子》，陈广忠译注，中华书局，2016，第 848 页

② 何浩：《颛顼传说中的神话与史实》，《历史研究》1992 年第 3 期。

③ 《淮南子》，陈广忠译注，中华书局，2016，第 394 页。

④ 《淮南子》，陈广忠译注，中华书局，2016，第 394 页。

⑤ 袁珂：《山海经校注》，上海古籍出版社，1988，第 472 页。

⑥ 马宗申：《关于我国古代洪水和大禹治水的探讨》，《农业考古》1982 年第 2 期。

⑦ 裘锡圭：《公盨铭文考释》，《中国历史文物》2002 年第 6 期。

天命禹敷土，随山浚川，迺
差地设征，降民监德，迺自
作配乡（享）民，成父毋。生我王
作臣，厥沬（贵）唯德，民好明德，
寡（顾）在天下。用厥邵（绍）好，益干（?）
懿德，康亡不懋。孝友，訏明
经齐，好祀无贝鬼（废）。心好德，婚
媾亦唯协。天厘用考，神复
用祓禄，永御于宁。遂公曰：
民唯克用兹德，亡诲（悔）。[①]

对于遂公盨的铭文，李学勤和冯时[②]等均做出详细的解释，此处不再赘述。铭文前三句的意思是天帝命大禹疏导河流，设定贡赋。遂公盨铭文与《尚书》和《诗经》中的相类似，如《尚书·禹贡》："禹敷土，随山刊木，奠高山大川"，《尚书·序》："禹别九州，随山浚川，任土作贡"，《诗经》："洪水茫茫，禹敷下土方"，遂公盨的发现与上古神话相印证，是研究大禹治水重要的史料。

对于大禹问题研究的重要意义，段渝称："对禹及禹和夏文化的研究，对于进一步探讨五帝问题以至于整个上古史无疑具有十分重要的意义。"[③]以顾颉刚为首的疑古学派对于上古史的否定就是从大禹开始的，他指出周代最古的人是大禹，孔子时期最古的人是尧、舜，到战国时期最古的人是黄帝、神农等，我国的古代史是一个层层叠加的历史，因而对于中国上古史提出了质疑。[④] 沈长云指出，"大禹治水故事不仅牵涉到古代洪水事实的有无，而且牵涉到夏后氏渊源和夏文化分布、夏代物质文明和国家产生等一系列重要问题"[⑤]。大禹治水的成功对于夏王朝的建立有至关重要的作用，

① 李学勤：《遂公盨与大禹治水传说》，段渝主编《大禹研究文选》，四川人民出版社，2020，第173～174页。

② 冯时：《公盨铭文考释》，《考古》2003年第5期。

③ 段渝：《百年大禹研究的主要观点和论争》，段渝主编《大禹研究文选》，四川人民出版社，2020，第27页。

④ 段渝：《百年大禹研究的主要观点和论争》，段渝主编《大禹研究文选》，四川人民出版社，2020，第27页。

⑤ 沈长云：《论禹治洪水真象兼论夏史研究诸问题》，《学术月刊》1994年第6期。

而夏王朝的建立对于中国文明的演进也具有重要的影响。

（二）洪水神话与历史时期的气候变化

女娲补天、共工触山和大禹治水构成了我国洪水神话的基本体系，现就上古神话时期的古气候变迁做简单的分析，以期探究洪水上古神话与历史时期气候变化之关系。

在夏商周断代工程的基础之上，不少学者对于上古时期的三皇五帝时代进行研究，并制定出年代表，其中董立章指出伏羲朝的时代为公元前5341年～前4082年[①]，将千年的年代框架具体到某一年，只能说是对于上古史断代的一次大胆的尝试，基于此我们大致可以推断伏羲女娲所处的时间，距今6000～7000年，该时期处于全新世大暖期（8.0～6.4kaB.P.）的盛期，在全新世早期降水迅速增加，但降水量最多的时期出现在全新世暖期的盛期，年降水量较今多100～200mm。[②] 王绍武等利用古气候的研究资料与历史时期记载女娲补天等洪水神话与后羿射日等干旱神话较为一致，说明这些事件可能是确实存在的。[③] 分析“女娲补天”的上古神话与古气候的研究资料，我们大致可以推断，女娲伏羲所处的时代是有发生大洪水的可能性的，而女娲补天其主要内容为治水，不过在后世的流传中，补天逐渐占据了主导地位。

“共工触山”的上古神话在不同的典籍中与不同时期的人物交织在一起，文中我们对于女娲补天和大禹治水的上古神话单独探讨，对其历史时期的气候变迁此处不再赘述。关于颛顼所处的时代，我们结合三皇五帝的断代工程做一简单的分析，虽然目前的研究无法给出三皇五帝时代准确的年代框架，甚至有些断代年代相差较大，而董立章指出颛顼所处的年代为公元前2901年～前2556年[④]，与许顺湛认为颛顼所处的年代为公元前2900～2550年[⑤]几乎一致，因此我们暂可认为颛顼所处的时代为公元前2900～2550年。现代气候研究表明，在5.0～3.0kaB.P.为气候波动相对和缓的亚

① 参见董立章《三皇五帝史断代》，暨南大学出版社，1999。

② 葛全胜等：《中国历朝气候变化》，科学出版社，2011，第16页。

③ 王绍武、黄建斌：《全新世中期的旱涝变化与中华古文明的进程》，《自然科学进展》2006年第10期。

④ 参见董立章《三皇五帝断代史》，暨南大学出版社，1999。

⑤ 参见许顺湛《五帝时代研究》，中州古籍出版社，2005。

稳定暖湿期[①]，通过对孢粉、泥炭、冰芯、海洋沉积等古气候资料的研究，我国南海地区在 4.9 ~ 4.7kaB. P.，广东地区在 4.7kaB. P.，四川地区在 5.1 ~ 4.7kaB. P. 均发生过洪水事件，研究表明，公元前 2900 ~ 前 2600 年是我国的一个洪水期。[②] 共工触山的神话贯穿我国整个洪水神话体系，与其有关的传说大致都与水有关，分析共工触山神话蕴含的气候信息，并与气候研究资料相互印证，“水师”共工出现的时间与我国上古时期的洪水期基本一致。

大禹生活的年代，依据《夏商周断代工程，1996—2000 年阶段成果报告（简本）》，夏朝建立的时间为公元前 2070 年。[③] 对于大禹活动的主要地区，《竹书纪年》等古籍中有“禹居阳城”之说，而且随着考古界对夏文化遗址的探索，河南登封王城岗遗址的夯土建筑是龙山文化中晚期的建筑遗址[④]，王城岗遗址使得大禹居住之地得到越来越多的认可。同时越来越多的人认识到“禹为人王而非神”，刘起釪指出，鲧禹可能为夏族部落的首领。[⑤] 目前，大禹为人王在后世被逐步神话的观点得到学界的普遍认可。

本文利用考古学和古气候代用资料，对中国数千年的气候变化加以揭秘，越来越多的资料表明，在距今 4000 年左右有发生过洪水的史实，而“大禹治水”是人们对这次洪水事件的记载。在距今 4000 年左右气候发生重大的变化。葛全胜等指出，夏朝前夕异常洪水事件发生在 4.2 ~ 4.0kaB. P. 时期，这个时期中国的气候相对寒冷，夏季风减弱，极易导致洪涝灾害；另外，冷期气候变率大，暴雨等极端事件发生的频次多。[⑥] 同时，其还指出“大禹治水的大洪水的时间始于尧时期与 4.2 ~ 4.0kaB. P. 全球性的气候异常期在发生的时间上具有一致性，大禹治水的成功可能得益于气候的好转”。[⑦] 王绍武综合利用多种古气候代用资料，指出夏朝立国前后有

---

① 葛全胜等：《中国历朝气候变化》，科学出版社，2011，第 23 页。

② 王绍武、黄建斌：《全新世中期的旱涝变化与中华古文明的进程》，《自然科学进展》2006 年第 10 期。

③ 夏商周断代工程专家组：《夏商周断代工程，1996—2000 年阶段成果报告（简本）》，世界图书出版公司，2000，第 86 页。

④ 安金槐、李京华：《登封王城岗遗址的发掘》，《文物》1983 年第 3 期。

⑤ 刘起釪：《由夏族原居地纵论夏文化始于晋南》，田昌五主编《华夏文明》（第 1 集），北京大学出版社，1987，第 18 ~ 52 页。

⑥ 葛全胜等：《中国历朝气候变化》，科学出版社，2011，第 37 页。

⑦ 葛全胜等：《中国历朝气候变化》，科学出版社，2011，第 37 ~ 38 页。

一个多雨期（洪水期），而“大禹治水”是此次洪水期结束的标志。[①] 同时，“在淮河流域、黄河流域和海河流域，都发现有 4kaB. P. 前后异常洪水事件的地质记录”[②]。通过对历史时期气候变化的研究，可以认为在 4kaB. P. 前后我国气候异常，发生异常的洪水事件，而大禹治水的成功除采用疏导的方式之外，更重要的在于气候的转变，大禹治水之后很长的一段历史时期内并未出现有关洪水的记录，王绍武还指出大禹治水之后我国经历了一个由湿润到干旱的转变，“我国 2100BC ~ 1800BC 在中国北方，自青海经甘肃、山西到内蒙古东部，发生了由洪水到干旱的气候突变”[③]。通过史料、考古发现以及历史时期古气候的重建，大禹时期确有发生洪水的事实，而大禹治水的区域是大禹治水问题争论的焦点，对于大禹治水的区域问题主要有河、济说[④]、兖州说[⑤]以及山西西南部的汾浍说[⑥]。

如若大禹时期有发生洪水的史实，大禹治水也应为信史，对于大禹治水的传说应经历了一个“层累”叠加的过程，先民利用丰富的想象对洪水的区域以及大禹治水的能力加以修饰，大禹在后人心中被逐渐神化，而大禹治水的上古神话流传至今。《山海经》载“舜乃使禹疏三江五湖，辟伊阙，导廛涧，平通沟陆，流注东海”[⑦]，抑或《尚书》载：“导弱水，至于合黎，余波入于流沙。导黑水，至于三危，入于南海。”[⑧] 大禹所处的时期是龙山文化的晚期，其生产工具以木石为主，达到疏导九州的目的是不可能的。因此，春秋时期的孔子形容大禹治水的功绩时说“禹尽力乎沟洫”（《论语》）。因而，大禹治水可能主要就是指疏导积水而已。[⑨]

---

① 王绍武：《夏朝立国前后的气候突变与中华文明的诞生》，《气候变化研究进展》2005 年第 1 期。

② 夏正楷、杨晓燕：《我国北方 4kaB. P. 前后异常洪水事件的初步研究》，《第四纪研究》2003 年第 6 期。

③ 王绍武：《夏朝立国前后的气候突变与中华文明的诞生》，《气候变化研究进展》2005 年第 1 期。

④ 沈长云：《论禹治洪水真象兼论夏史研究诸问题》，《学术月刊》1994 年第 6 期。

⑤ 徐旭生：《中国古史的传说时代》，广西师范大学出版社，2003，第 139 页。

⑥ 马宗申：《关于我国古代洪水和大禹治水的探讨》，《农业考古》1982 年第 2 期。

⑦ 《淮南子集释 · 本经训》，中华书局，1998，第 579 页。

⑧ 《太炎先生尚书说 · 尚书二十九篇》，中华书局，2013，第 81 ~ 82 页。

⑨ 沈长云：《论禹治洪水真象兼论夏史研究诸问题》，《学术月刊》1994 年第 6 期。

三　水旱灾神话的内涵分析

鲁迅说道，“昔者初民，见天地万物，变异不常，其诸现象，又出于人力所能以上，则自造众说以解释之：凡所解释，今谓之神话”①，认为神话多为对自然现象的解释；而茅盾在《中国神话研究初探》中写道，“所谓‘神话’者，原来是初民的知识的积累，其中有初民的宇宙观，宗教思想，道德标准，民族历史最初的传说，及对于自然界的认识等等”②，他认为神话是原始社会的综合意识形态的体现。我们亦可从初民科学认知、民族精神和文化性格等内容方面探讨水旱灾神话的内涵。

首先，上古神话是科学认知的记载。在原始社会时期，先民面对现实世界，尤其是自然环境的变化十分不解，“神话成了当时人类用来在混乱中建立秩序，并试图认识与解释世界的一种手段。这一举动使人类的生存进入了自觉状态，从自然界独立出来”③。上古神话的表达方式虽较为夸张，但其中包含着自然与社会知识，这些知识通过上古神话得以流传。如共工触山导致“天倾西北”和“地不满东南”，因此有日月星辰西落和江河东流；十日神话用来解释昼夜交替出现，十日并出形容干旱的状况。纵观我国上古时期的水旱灾神话，我们大致可以知道历史时期的旱灾神话都与太阳相关，而历史时期的洪水神话大都因天空出现缺陷，从而引发洪水。水旱灾上古神话是初民认识自然变化规律的原始尝试。上古神话作为上古人们智慧的结晶，是历史时期人们科学认知的体现。

其次，上古神话是民族精神的载体。史前时期是文明的孕育阶段，同时也是民族精神的萌芽阶段，上古神话作为民族精神的载体能够反映民族精神的内涵。人类征服自然的实践活动是我国上古神话的精华，而对极端天气的处理是征服自然的实践活动的主要内容之一。在上述水旱灾神话中都有英雄人物的出现，这些人物身上集中体现了中华民族精神。

刚健有为、自强不息的民族精神。水旱灾神话的产生与历史时期的自然环境的突变密切相关，水旱灾神话大都反映出人与自然的抗争，积极主

① 鲁迅撰《中国小说史略》，上海古籍出版社，1998，第6页。
② 茅盾：《中国神话研究初探》，上海古籍出版社，2005，第4页。
③ 王军、董艳主编《民族文化传承与教育》，中央民族大学出版社，2007，第202页。

动地改造自然。面对洪水危机，女娲炼五色石以补苍天；大禹历经13年，“三过家门而不入”疏导洪水，他们以自强不息的精神通过艰苦卓绝的斗争，终使世间万物恢复了原有的秩序。面对长期干旱，后羿射日和夸父逐日都体现出了和自然抗争的精神。这些人物身上表现出的刚健有为、自强不息的精神，是中华民族精神的体现。

甘于牺牲、泽被后世的民族精神。上古神话在反映人类征服自然的同时也歌颂英雄人物甘于牺牲、泽被后世的精神。如夸父逐日中夸父这一人物形象，夸父逐日虽以失败而告终，“弃其杖，化为邓林”则是夸父甘于奉献的体现。夸父体现的甘于牺牲、泽被后世的精神对中华民族精神影响深远。

最后，上古神话是文化性格的体现。上古时期的水旱灾神话是气候变迁在先民主观情绪上的“响应”，先民企图借助“神力”来恢复正常的生活秩序。在上述的上古神话中，面对自然环境的变化，先民并不是被迫接受，而是以自己的力量积极主动地改造自然。在中国水旱灾神话中，女娲、大禹和后羿等面对突发气候变化，综合利用多种方式，为恢复社会正常秩序而斗争。这些神话人物身上体现的是重视历史使命的文化性格。

历史时期的水旱灾的上古神话除对自然现象和极端气候的描述，同时也是先民科学认知、民族精神和文化性格的体现。水旱灾上古神话对于自然现象、极端气候的描述，反映了我国先民的科学认知、民族精神、文化性格等，“可以说中国传统文化的一些重要精神在我国远古神话中早已初露端倪”①。所以，我们探究科学认知、民族精神和民族文化的源头都可以追溯到上古神话这一领域。

结　语

我国古代曾有大量的神话素材，因年代久远和受儒家“子不语怪力乱神”思想的影响，大量的神话散亡，仅有些零星片段得以保存。上古神话蕴含着丰富的气象、宗教、美学、社会等知识，同时也是中国传统文化的源头。通过对上古时期水灾和旱灾神话的分析，我们大致可以了解上古时

① 徐水：《神话是我国传统文化的精神之源》，《学术界》2003年第2期。

期是一个水旱灾交替发生的时代。充分挖掘上古神话中蕴含的自然科学的信息，为研究历史时期尤其是上古时期的气候变迁提供新的资料。因此，我们应把上古神话传递的气候变化信息与科技考古和自然证据的气候资料相互印证，重建历史时期的气候，解密数千年的气候变化之谜。上古时期的水旱灾神话除蕴含气候信息之外，还包含着我国初民对原始自然现象的认知、自强不息的民族精神和富有历史使命的文化性格等。对于上古神话的研究，我们可以综合利用多角度、多方式进行解读，因为“我们从神话中透视社会是完全可能的。一方面，神话直接参与社会运转，它本身就是历史；另一方面，它又记载着历史，或直观，或折光，或逆向，它是一个复杂的历史记录系统”[①]。上古水旱灾神话不仅是气候灾害的记录史，同时也是一部上古史。气候变化视野下的我国水旱灾神话研究，是气象学、历史学、文化学、人类学、宗教学等多学科交叉的研究，是新文科建设的新尝试。

① 田兆元：《神话与中国社会》，上海人民出版社，1998，第454页。

试论气候和气象灾害的文献价值及利用

张文兴　单薇薇　彭耀华　罗　聪　马晓晨　李宏硕*

摘　要： 本文从文献在研究气候变化中的贡献、文献的开发利用与社会化服务、气象志的历史责任三个方面论述了气候和气象灾害的文献价值及利用。中国几千年的历史留存大量的关于气候与气象灾害的文献，对研究气候变化价值很大；编修好志鉴中的气候和气象灾害内容，是气象专业人员和史志工作者应该担负的历史责任；要继续挖掘和整理旧史志鉴气候和气象灾害内容，为气候变化研究提供更多珍贵文献，重要的是做好文献的开发与利用，尽快实现中国史、志、鉴、馆的信息化、数字化、网络化，提高社会化服务能力，赶超世界先进水平。

关键词： 气候变化　气象灾害　文献价值　社会化服务

气候和各种气象灾害与人类永远相伴随，是人类生存发展的重要条件。中国自有文字开始，几千年繁多的历史档案记载了大量的气候状况和各种自然灾害。各朝代的统治者都把各时期发生在管辖范围内所发生的气候变化和产生的气象灾害以史志鉴的形式详细记载下来，这些宝贵的文献都成为后人研究社会、历史、气候变化的瑰宝。这些瑰宝的传世说明了三个问题：一是历史上各朝代十分重视气候和气象灾害的统计和记载，形成了比较完整的气候和气象灾害的历史链条，对现代人研究气候变化奠定基础；二是以史为鉴，现代人继续挖掘和整理史志鉴内容，进一步提升了文献利用价值；三是现代史志工作者担负着历史责任，编修好志鉴中的气候和气象灾害记载，为当代编修史志提供资政辅治之参考。

---

*　张文兴，沈阳市气象局；单薇薇，辽宁省气象信息中心；彭耀华、罗聪、马晓晨，辽宁省气象学会；李宏硕，辽宁省气象装备保障中心。

一 文献在研究气候变化中的贡献

研究气候变化最大的问题是缺少长时期连续的气候资料，由于气候资料年代短，学界很难对冷暖、干湿百年尺度的气候进行阶段性、周期性的研究。如果再往前延伸就需要依靠各地档案馆、图书馆的史志资料，从中查找，再经过分析处理后方能和现代观测资料衔接在一起，形成几百年甚至几千年的连续气候资料。因此，文献的史料价值很大。中国是历史悠久的文明古国，存世文献数量之繁多、内容之广泛、记述之详尽、年代之绵长，是其他国家殊难企及的。这些文献包含了丰富的气候变化及其影响的信息，集成利用文献记载和自然证据重建过去气候变化的记录，是中国在全球气候变化科学领域独具特色的研究之一。

20 世纪 60 年代末至 70 年代，全球气候异常，气温变低，中国的农业生产遭遇了严重的低温冷害。当时日本的气候学者提出全球气候进入小冰河时期。中国气候处于历史气候变化什么阶段，未来趋势如何发展成为科学家需要回答的问题。基于此，国内的气候工作者开展了广泛的多学科的历史气候变化研究。

1972 年，中国历史气候变化研究开拓者竺可桢，利用中国历史文献自然物候与灾害记载首次建立了过去 5000 年中国东部地区温度变化曲线，在其《中国近五千年来气候变迁的初步研究》文章中认为过去 5000 年来中国气候在最初的 2000 年，从仰韶文化到安阳殷墟时代是中国的温和气候时代，在殷、周、汉、唐时代，温度高于现代，魏晋南北朝以及宋元明清各朝气候寒冷。他还认为，在每一个 400 ~ 800 年，可以分出 50 ~ 100 年为周期的小循环，温度范围为 1℃ ~2℃。[①]

20 世纪 80 年代以来，张德二、王绍武等许多学者利用史料对中国东中部或部分地区历史时期温度变化进行了重建。进入 21 世纪，许多气候学者针对各个历史时期的冷暖问题，利用树轮、冰芯、石笋、沉积物、孢粉、珊瑚等自然证据对东北和华北北部地区、西北和青藏高原地区及东南

① 竺可桢：《中国近五千年来气候变迁的初步研究》，《竺可桢文集》，科学出版社，1979，第 495 页。

沿海地区过去气温变化进行了研究，把历史时期的冷暖变化的序列又向前延伸到百年、千年为单位。中国科学院地理科学与资源研究所历史气候变化研究团队由葛全胜领衔，经过数十年研究，2010 年完成了 90.7 万字的《中国历朝气候变化》著作，由科学出版社出版发行。该书在吸纳前人研究历史气候变化的基础上，把秦汉以来中国各朝代温度和湿度变化这一研究向前推进一步，把 2000 余年的冷暖变化划分为 8 个阶段，其中第 8 阶段（1871 年以来）气候温暖，且在波动中逐渐转暖，平均气温比 20 世纪 80 年代高 0.1℃，年代际波动幅度相对较小，极端冷暖年代之间平均相差 1.4℃，19 世纪 90 年代、20 世纪头十年、20 世纪 70 年代有过短暂的降温。①

而对中国历史干湿的变化问题，20 世纪 70 年代初开始，中国气象局中国气象科学研究院等单位近百人自上而下组织气象人员到档案馆查阅方志中关于干湿（旱涝）及其影响的记载，于 1975 年完成了《华北、东北近 500 年旱涝史料》。该研究采用分等定级方法，对全国 120 个气象台站旱涝及其影响的文字描述转换成旱涝的逐年 1～5 级定级，即 1 级偏旱、2 级旱、3 级正常、4 级涝、5 级偏涝，并且编制了全国旱涝历史图集，覆盖全国大部地区，形成了 500 余年历史旱涝连续变化轨迹。笔者也参与了查阅当地县志资料工作，深知历史资料记载气象灾害的浩繁和宝贵，自此开始充分运用这些史料，对沈阳地区气候变化进行研究。笔者于 1980 年和 1984 年先后撰写了《新民近 200 年旱涝分析及其未来预测》《沈阳地区近 500 年旱涝演变规律分析和气候预测》两篇论文，并根据史料描述记载转换为逐年演变曲线，用沈阳 1905 年以来的近百年器测降水资料对比加以验证，证明了其可靠性。笔者认为辽沈地区近 500 年干湿变化存在 100～200 年和 10～50 年的两种不同时间尺度的阶段性变化，20 世纪 60 年代中期以来处在一个干期中。《沈阳地区近 500 年旱涝演变规律分析和气候预测》的图表和分析结论完整地收录到《沈阳气象志》中（见图 1），体现了气候变化研究的社会价值。②

这些气候研究学者对气候变化的研究，至少可以引申出这样的结论：

---

① 葛全胜等：《中国历朝气候变化》，科学出版社，2010，第 61 页。

② 张文兴：《沈阳地区近 500 年旱涝演变规律分析和气候预测》，《辽宁气象》2001 年第 4 期。

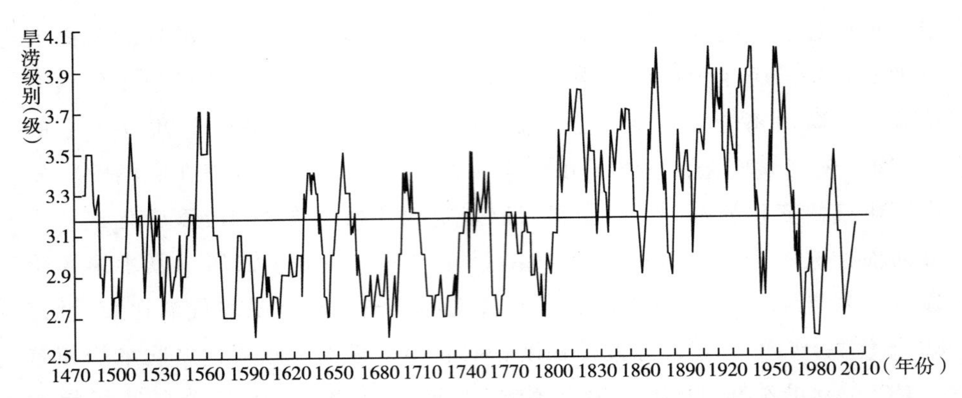

图1　沈阳地区近500年旱涝级别10年波动曲线（横线为多年平均值）

资料来源：参见张文兴《沈阳地区近500年旱涝演变规律分析和气候预测》，《辽宁气象》2001年第4期。

利用中国丰富的文献可以延伸中国历史时期甚至考古时期的气候演变轨迹，并证明其可靠性；气候变化（冷暖、干湿）是一个缓慢的波动过程，且呈阶段性、准周期性、转折性、突变性特点；不应否定气候变化，也不应夸大气候变化；气候变化只是限定在一个阶段内是一个不可逆的演进过程；5000年来或者秦汉代以来气候变化以100～200年、200～400年百年尺度的阶段性和准周期性震荡为主；我们现在处于气候变化的哪一个阶段比较明确，但这个阶段何时转折或突变可能很难预知，是广大气候研究者面临的艰难课题。

多年来，查阅众多学者关于气候变化和气象灾害的书籍、论文中的参考文献，看到的几乎都是“县志”“府志”“通史”引述载体，各朝代的文献为后代人和社会带来了巨大价值。当代的学者坐在图书馆、档案馆耐心地一页页地翻找相关的史料，遥想先人们以“寸、尺、丈、里”“亩”“升、斗、石”等计量单位，用“赤地千里、水深丈许、山水骤发、寒冷异常、酷暑难熬”等文字描述气候和气象灾害的发生过程。我们不禁敬畏先人们的责任担当，也为当代的气候研究工作者用现代技术将几百年、上千年的这些资料记载和自然证据考证变成了连续数字的演变曲线，与现代气象科学融为一体，在气候变化的历史长河中考证出新时期处在一个什么样的冷暖、干湿阶段中，又是一种什么样的发展趋势，为社会经济发展提供重要科学依据而感动。

二 气象文献的开发利用与社会化服务

加强对气象灾害的历史资料进行收集和整理。2007 年，《中国气象灾害大典》由气象出版社出版发行，该书共 32 卷，按地区分类，几百名气象工作者参与编纂，历时 14 年，全面收集 2000 年底以前中国历史上各地发生的各类气象灾害及其次生、衍生灾害，并分析总结了灾害发生的规律和成因，既是一部巨型资料工具书，也是一部中国气象灾害百科全书。在气象部门的服务中，经常将出现的气象灾害事件与历史上出现的同类气象灾害进行比较，以判明强度和性质，因此，《中国气象灾害大典》中详尽的记载具有重要价值。同时，该书在水利建设、城市规划、防灾减灾等历史和社会研究中都体现了重要价值。[①]

尽管气象工作者在气候资料的查找、开发、利用等方面做了大量工作，但还有相当一部分气候资料被尘封在档案馆、图书馆中待梳理。从 2015 年开始，辽宁省的沈阳、大连、营口的气象部门，用 5 年时间整理出沈阳 1905 ~ 2014 年，大连和营口 1904 ~ 2018 年 10 个气象要素的逐日连续观测资料。这次气候资料整编的难度是 1904 ~ 1945 年在日本侵占东北期间所统计的二十几年的观测资料不知去向，中华人民共和国成立后，国家、省气象资料部门曾几次大规模整编都未能查到，造成中华人民共和国成立前的 45 年资料残缺不全，数据不连续，甚至无法使用。几个单位领导和资料整编人员克服困难，在中国气象局档案馆、辽宁省气象局档案馆、大连市气象局档案馆、日本国立国会图书馆、日本气象厅图书馆、辽宁省图书馆、大连市图书馆基本上补齐丢失资料。整编过程中采取志、鉴、史、馆“四位一体”联动，开创了气候资料整编的先河，是全国第一个具有百余年历史观测站整编的要素齐全、连续逐日资料，并印刷成书。2017 ~ 2019 年，沈阳、大连和营口 3 个观测站被联合国世界气象组织命名为“百年气象站”。世界气象组织权威人士指出：“气候变化的权威数据来自全球各国气象部门的长期连续、精准的气象观测，这些连续长达百年的气象观测数据，对评估全球气候变化尤为珍贵和奇缺。这就是世界气象组织开展认证

---

① 李德善等执笔《基层气象台站史编纂要略》，气象出版社，2009，第 13 页。

全球气候百年观测站的战略意图。”①

整编百年气候资料最先从沈阳开始做起，取得经验后进行大连和营口的气候资料整编工作。沈阳、营口资料整编工作在各方大力配合下开展得比较顺利，参与人员除了在各大档案馆、图书馆找到部分资料外，还在日本国立国会图书馆的网站上有了意外发现，在1908~1941年《满洲气象报告》中查询到日本侵占东北时期的5个观测站25本整编资料书籍，用了半个月时间下载近3000页东北区域内气象资料，其中包括台站站址及设施照片。

但是，整编大连百年气候资料就不那么顺利了。《东北地区地方文献联合目录》中记录在大连某图书馆存有3年的《满洲气象报告》中含有大连市气象局所需整编气候资料，但出于国家安全考虑该部分资料暂不对外开放。为完成资料整编的课题，参与人员通过在日本留学的同事，在日本气象厅图书馆查到并翻拍下来百余张资料图片，补上了这几年的缺失，到2019年顺利完成了辽宁3个百年气象站的气候资料整编工作。

以上简述气候资料整编的过程，笔者想以这样的资料挖掘实例试论一下史料的开发利用，以及气候史料实现数字化、网络化、社会化的重要性。目前各地档案馆图书馆的文献资源尽管十分丰富，但中华人民共和国成立前的一些文献还停留在馆藏阶段，有很多资料出于安全考虑还未解密，还未开发，数字化、信息化、网络化建设水平还有待进一步提高。

中国几千年历史文化中，史志鉴资料丰富浩繁，记载的内容涉及广泛，但是，很多人读史多，读志鉴少，甚至不知志鉴。读《三国演义》的多，读《三国志》的少。志鉴的存史、资政、育人作用没有充分发挥出来，还没有真正实现志鉴“走出去”，走出馆库，走出志鉴编纂机构，走出志鉴工作研究者的圈子。原因固然很多，其中，志鉴的开发、开放的信息化、社会化程度不高是一重要原因。因此，有必要建立全国史志鉴数据库、在线全文检索平台，并对社会各界和公众免费公开查阅、查询、翻拍、下载，满足社会各界包括专家学者、史志工作人员查志鉴、读志鉴、用志鉴的需求，形成良好学习历史、研究历史、弘扬历史的氛围。图书馆、档案馆是

---

① 张文建：《世界气象组织助理秘书长张文建在营口百年气象陈列馆揭牌仪式致辞》，《营口日报》2020年7月16日，第1版。

承载中国历史的硬件载体，不仅仅是馆藏数量和硬件环境的提升，重要的是中国式现代化管理和社会化服务的提升，这是软实力的体现。

另外，通过挖掘整编沈阳、大连、营口百年气候资料，笔者发现日本在1904～1945年建立气象站的观测资料的原始记录都没有留存，在档案馆、图书馆收集到的资料都是整编后形成的印刷品，而原始气簿、气表下落不明。日本在东北建立气象观测站主要为侵略战争和掠夺资源服务的，对气象台站有完备的业务管理系统，把“满洲”地区建立的气象观测网纳入日本全岛气象业务体系，日本东京气象厅是其管理中心，这些原始资料都陆续运往日本国内。据分析，目前这些资料应都存于日本档案馆或散落民间。气象部门对这些属于中国文物级别历史气象原始资料档案不能放弃，这些档案对于研究东北地区百年气象史很有意义。

浩瀚的旧志鉴史料的挖掘和利用为现代社会发展提供了极为宝贵的资源，而如何加快开发利用已有的资源，和业已形成的新志鉴为当代人服务，尽快实现史志鉴馆的信息化、数字化、网络化、社会化是一个紧迫课题。

三 气象志的历史责任

既然中国的史志记载了大量宝贵的气候和气象灾害，为后代研究历史和气候变化奠定了坚实的基础，那么专业志——气象志就要承担起历史的责任，参与人员做好气候和气象灾害内容的编纂工作。

首先，要树立正确的史观，力求做到史观和史料的统一。粗看气候和气象灾害历史资料不存在史观问题，其只是把气候和气象灾害原原本本记载下来。其实不然，比如，对历史资料的选择就存在“史观”问题，在各朝代记述的灾害中要进行甄选，去其糟粕，取其精华，其中地方官府在发生严重自然灾害时，有夸大灾情，夸大“赈米”“赈银”成绩的描述；还有一些由于对天气现象缺乏科学解释的时代局限，经常有一些迷信色彩，如“星相大师”“凶相，吉相”等记述，都不宜采用。

气候变化不仅仅是学术问题，更是经济和政治问题，关乎人类未来的生存和发展，因此在撰写志书时应该在以气候事实和文献记载分析的基础上，把气候变化的事实以及衍生出的极端气候事件准确反映出来，把人类活动影响气候的因子找出来，为各级政府在应对气候变化减少碳排放提供科学依据。笔者看了全国省、市级气象志 20 多本，发现在编写气象志关于气候变化方面存在一些问题：气候成因的基本原理写得比较清楚，但在当地人类活动影响气候因子方面研究不深，缺乏更多的调查和数据的支撑，具体事实基本是引用人所共知的事实，缺少当地事例，这方面的研究成果还欠缺。气候变化是个大题目，一个时期气候是一个动态波动，影响因素很多也很复杂，仅在气象因素方面下功夫还不行，应当扩展到生态的各要素中，跨学科地进行分析。撰写好气候变化的内容是气象部门为现代为后代义不容辞的历史责任，气象志鉴则是很好的平台。

对于现代防灾减灾气象服务效果的数据、灾情数据，有些当时很难统计准确，因此，不是最终数据尽量不采用，工作总结中提供的“拍脑门”数据有“形象工程”之嫌，亦不宜采用。比如，人工增雨效果的数据是在实验室内计算的结果，到底能增加多少立方米至今还在试验中，不宜按照理论估算出数据，因为每一次降水不同的系统条件很难区分自然降水和人工增雨的比例。

其次，专业志——气象志是地方志的重要组成部分，而气候和气象灾害又是气象志的重要内容，最能体现其专业性和实用性。20 世纪 80 年代以来，在全国地方志第一次工作会议的推动下，全国省级气象部门开始编纂气象志，经过 10 余年的努力，全国省级气象部门陆续完成了气象志编纂工作。2005 年以后，又陆续完成了 1985 ~ 2005 年的第二轮气象志的编撰工作。其中最值得称道的是，中国气象局编纂了上下五千年、140 万字的《中国气象史》，由气象出版社出版。该书由中国气象局原局长温克刚任主编，陈少峰、王奉安、谢世俊、鲍宝堂主笔，由陈少峰、王奉安任责任编辑，填补了气象史方面的空白。很多是出于对历史和后代的责任感，在“盛世修志”的鼓舞下，在当地地方志部门的指导下，组织专门人员也开展了修志工作。

气象部门在修志的过程中，始终在探索气候和气象灾害部分占全书的比例，但始终没有明确的规定。当地地方志部门由于对气象部门专业志的了解不多，也没有做出具体规定，只能由作者自己设计编写大纲。根据已经完成的省、市气象志情况，气候和气象灾害内容占志书的 1/4 ~ 1/3。虽然框架和结构不相同，但有一点共识，就是气候和气象灾害是全书的重点。30 余年气象专业志、鉴的编撰实践已经约定俗成地形成了比例、框架和结构，应该坚持和延续下去。具体存在的问题是，由于没有统一规定的模板，其结构五花八门：有的以数据统计资料为主，没有任何分析；有的以文字叙述为主，缺少统计资料；有的数据资料出自多家，不够准确，个别数据有误，与气象资料部门统计结果不一致，导致社会各部门运用数据“打架”，降低了气象志的权威性。

结　语

气象文献在研究社会、历史和气候变化中贡献很大，挖掘文献资源、开发利用文献仍有大量工作去做，尽快实现史志鉴馆的信息化、数字化、网络化，赶超世界先进水平是今后的目标。编修好志鉴中的气候和气象灾害内容，是气象专业人员和史志工作者应该担负的历史责任。目前，气象部门第三轮的修志工作即将展开，修志人员要认真总结前两轮修志工作的经验，加快修志工作向法治化高质量转型升级。

章淹关于南水北调中线水旱变化的研究

何海鹰*

摘　要： 章淹等气象学家于1998年对南水北调中线水旱变化进行研究，从供水区的水源条件、中线南北双方降水和蒸发的对比分析、旱涝等级的历史演变等方面分析南水北调在水文气象方面的有利条件和不利条件，特别分析了中线地区干旱变化对南水北调的不利影响并提出政策建议。这些研究对于南水北调规划实施方案的制订具有一定的参考价值，保证了南水北调工程的顺利进行。

关键词： 章淹　南水北调　水文气象

我国的华北地区属于温带季风气候、华东和华南地区属于亚热带季风气候，受季风气候的影响，水资源分布在时间上和空间上不平衡。华北地区气候上属于半干旱和半湿润易旱区，供水紧张，历史上曾有特大干旱灾害发生。① 而长江流域则水资源丰富，经常发生暴雨灾害。随着工业的发展和农业耕地面积的无序扩大，水资源短缺问题涉及的范围越来越广，严重影响经济社会的可持续发展，甚至一些地区在20世纪末期出现了干旱化和荒漠化趋势。针对水资源分布南多北少的特点，我国政府早在1978年就提出要兴建南水北调工程，将水资源相对丰富的长江水引到黄河以北地区。这一构想直到20世纪90年代，才正式提上日程，被列入中国跨世纪的骨干工程之一。

随后，我国开始对南水北调工程进行研究、论证。经过10多年的研究，这项工程最终规划了东、中、西3条输送线路，从长江流域调水北上。其

*　何海鹰，中国气象局气象干部培训学院高级工程师。

①　徐国昌：《干旱减灾问题的回顾与思考》，《干旱气象》2012年第4期。

中，南水北调中线工程，是从位于湖北的丹江口水库调水，输水干渠途经河南、河北、北京、天津4个省、直辖市，为沿线的14座大、中城市提供生产生活用水。

这项工程穿越4个具有不同气候特征的省级行政区，如何保障一江清流北上，能否为沿线地区提供足够的水源，需要对这些地区的气象条件进行科学分析。首先是丹江口水库及其上游来水流域水情如何，能否连续稳定地向华北送水；其次是南北双方干旱是否会同步发展，特别是持续性同步发展。1998年，章淹、谯季蓉、林锦瑞等气象专家以“洪旱变化对南水北调的影响”为课题，对这些问题进行研究，发表论文《南水北调中线重大水旱变化及其影响》《南水北调中线干旱长期演变及其对策》《南水北调中线地区旱涝变化的长期特征》等。

下面是对章淹及其研究团队的研究成果进行梳理和总结。

一 采取的研究方法

章淹和她的研究团队采用我国近500年旱涝（分级）史料和中华人民共和国成立后1951~1995年的水文气象资料，共526年（1470~1995年）的资料，运用资料插补与统计检验的方法，对中线地区重大的干旱与洪涝问题进行了分析研究。

章淹运用的史料跨年度之长，得益于我国在气候学领域的研究进展。全国32个单位共同协作整理500多年史料，绘制了1470~1977年共508幅逐年旱涝分布图[①]，1981年，由中国气象局中国气象科学研究院主编、地图出版社出版。这500多年的历史基础材料再加上近20年的资料为章淹的分析研究提供了更为丰富的数据资料。

为了便于研究，章淹等将沿中线地区划分为3个分区。第1区为北京、天津、河北区域，第2区为河南北部和中部地区，第3区是汉江流域和丹江口水库库区。第1、第2区均是需水区，第3区则是供水区。章淹等将中线沿线划分为3个区域，即区分供水区与需水区，同时根据不同的气候特征，又将需水区分为两个区域，这种划分会使分析研究更加精细化。

① 巢纪平、符淙斌：《近年来我国气候学研究的若干进展》，《气象》1980年第9期。

二　南水北调的可行性分析

章淹及其研究团队通过分析中线地区在水文气象方面的特征，证明南水北调是可行和有利的。

1. 关于供水区的水源条件的分析

汉江是长江中下游最大的支流，中线的水源主要是由汉江上游的丹江口水库供给。章淹及其研究团队首先对供水的可能性进行了分析。从年降水量来看，汉江上游地区和丹江口水库地区的年降水量普遍高于华北地区，年平均高出 235.5mm；从蒸发量来看，供水区的蒸发能力比需水区要小 30%；从降水量的年际变化来看，汉江上游降水量的年际变化比华北地区和河南要小（变差系数 Cv 相差在 0.10 左右）。通过这些分析，章淹及其研究团队认为丹江口水库作为水源具有向北供水的可能。[①]

2. 关于中线南北双方降水和蒸发的对比分析

章淹及其研究团队根据我国近 500 年旱涝史料分析，华北地区近 500 年中有 154.5 年发生干旱，个别地区干旱频率高达 40%，平均 3 年一次干旱，10 年一次大旱，该区地处季风区，降水多集中在夏季风盛行期，雨量大且集中，同时降水的年际变化也大。对中线各区新中国成立后多年平均年降水量和多年平均年蒸发量进行了统计，并计算了 1 区北京、石家庄，2 区安阳、郑州，3 区南阳、郧县、安康、汉中等站的变差系数 Cv。看出：1 区、2 区各站的 Cv 不仅都大于 3 区各站，而且也均大于 0.25（当 $Cv > 0.25$ 时，农作物易遭受旱涝灾害），表明 1、2 两区旱涝灾害频繁。

而 3 区 Cv 均小于 0.25，平均为 0.17，同时该区多年平均总雨量为 831.91mm，比 1、2 两区年平均雨量高出 235.5mm。1、2 区不仅降水量少，而且由于晴天日数多，光照好，地表水面和植被土壤的蒸发量，比 3 区平均高出 30%。因此，3 区不仅平均年降水量大于 1、2 两区，而且降水变率小，年蒸发量也小，表明该区有为 1、2 两区提供水源的可能。

---

① 谯季蓉、章淹、林锦瑞：《南水北调中线干旱长期演变及其对策》，李振声主编《中国减轻自然灾害研究：全国减轻自然灾害研讨会论文集（1998）》，中国科学技术出版社，1998，第 142～143 页。

3. 关于旱涝等级的历史演变的分析

章淹及其研究团队将需水区和供水区的旱涝分布划分为 9 种类型，对 1470～1995 年各区区域性旱涝等级的历史演变进行统计分析（见表 1）。其中：北旱指的是 1、2 区中有 1 个区出现旱（4 级或 5 级）；北涝指的是 1、2 区中有 1 个区出现涝（1 或 2 级）；南旱指的是 3 区出现旱（4 或 5 级）；南涝指的是 3 区出现涝（1 或 2 级）；北正南正则是指 1、2、3 区的旱涝等级同时为 3 级。

表 1　1470～1995 年中线地区需水区和供水区旱涝类型分析

类型	北正南正	北旱南正	北旱南涝	北正南涝	北涝南涝	北涝南正	北正南旱	北旱南旱	北涝南旱
年数（年）	106	97	39	52	48	64	22	89	9
频率（%）	20.2	18.4	7.4	9.9	7.8	12.2	4.2	16.9	1.7
周期（年）	4.95	5.43	13.51	10.10	12.82	8.2	23.82	5.92	58.82
所占年数比例（%）	55.9						22.8		

资料来源：谯季蓉、章淹、林锦瑞：《南水北调中线干旱长期演变及其对策》，李振声主编《中国减轻自然灾害研究：全国减轻自然灾害研讨会论文集（1998）》，中国科学技术出版社，1998，第 145 页。

由表 1 看出：在 1470～1995 年，中线需水区和供水区旱涝 9 种类型中，4 种类型——北正南正、北旱南正、北正南涝和北旱南涝表明北部（需水区域）是干旱或正常状况，需要水（对于长时间干旱的北部，即使正常情况也需要补充水），而南部（供水区域）则是出现涝或正常状况，正好有水源供水。因此，在这 4 种情况下，可充分发挥南水北调工程的优势，以缓解北京及沿线缺水问题。这四种情况占所统计年份的 55.9%。所以南水北调工程总的来看是有利的。①

然而，表 1 的 9 种类型中仍然有 3 种类型，即北旱南旱、北正南旱和北涝南旱。这 3 种类型表明：在北方，干旱需要水，甚至涝，但是因为涝一般

① 谯季蓉、章淹、林锦瑞：《南水北调中线干旱长期演变及其对策》，李振声主编《中国减轻自然灾害研究：全国减轻自然灾害研讨会论文集（1998）》，中国科学技术出版社，1998，第 145～146 页。

持续时间很短，一些地方可能会干旱，所以也需要水；而南方干旱，没有水或只有少量水可调，特别是如果北方和南方连续几年干旱，将会使大面积干旱持续发展，南水北调将出现严重困难。为此，章淹及其研究团队对中线地区干旱问题进行了深入研究。

三　关于中线地区干旱变化特征的研究

章淹及其研究团队首先确定了区域干旱指标和干旱等级标准。区域性干旱指标是描述干旱特征的重要参数。为了使干旱指标既能反映干旱影响面积的大小，同时又能表示干旱的强度，章淹及其研究团队给出如下表达式：

$$I_D = A_4 \times \frac{M_4}{M} + A_5 \times \frac{M_5}{M}$$

其中，I_D 为区域性干旱指标，M_4、M_5 分别为遭受 4 级和 5 级干旱的站数，M 为该区总站数，A_4、A_5 分别为 4 级和 5 级干旱等级。以上干旱指标用于计算中线地区的 3 个地区，干旱等级标准确定如下：

$0 < I_D < 2.0$，轻旱

$2.0 \leqslant I_D < 4.0$，偏旱

$4.0 \leqslant I_D \leqslant 5.0$，旱[①]

通过资料分析，章淹及其研究团队得出中线地区干旱变化的 4 个特征。

1. 干旱出现的频次较高

从 1470 年至 1995 年，中线区域性干旱出现的频率很高。3 个区干旱出现的总年数占数据总年数（526）年的 1/4 至 1/3，平均每 3 ~ 3.5 年出现 1 次干旱。其中，北部地区最多，南部地区相对最少[②]，中部与南部地区相似。

2. 连旱出现的年数占比高

总体来看，每个地区连续干旱年的总数占该地区区域干旱年的 70% 以

① 谯季蓉、章淹、林锦瑞：《南水北调中线干旱长期演变及其对策》，李振声主编《中国减轻自然灾害研究：全国减轻自然灾害研讨会论文集（1998）》，中国科学技术出版社，1998，第 143 页。

② 章淹、谯季蓉、林锦瑞：《南水北调中线重大水旱变化及其影响》，《科技导报》2000 年第 2 期。

上，占总数据年（526 年）的 20% 以上，平均每 4 年出现 1 次。3 个区域相比较，北方地区干旱总年数最多，其次是中部地区。

从干旱的时间长度来看，区域干旱持续时间长度一般为 2 ~8 年（单站较长），2 ~3 年持续干旱频率最高，占持续干旱总频率的 71% ~80%。连续干旱年数越长，发生的次数就越少。

对各个分区进行比较，中部地区连续 6 年以上干旱最为频繁，因此中部地区是连续干旱最严重的地区。虽然南部地区的连续干旱总年数略少于中部地区，但南部地区连续干旱总次数多于中部地区，6 ~8 年的连续干旱次数多于北部地区。因此，即使干旱的发生频率，南部地区也不是很弱。[①]

3. 干旱的同步和持续性

如果区域干旱同步（空间上同步）、持续（时间上持续）发生，对跨流域调水的影响将是相当大的。章淹及其研究团队研究发现，中线地区的干旱正好具备这样的特征。

从空间的同步性来看，在 526 年中，中线两个不同区域同步发生区域干旱的概率为 12.4% ~17.7%。其中两个相邻区域同步发生的概率和相关系数较高，即中部和北部地区，或中部和南部地区的同步性较高，而南部地区和北部地区的同步发生概率和相关系数较低。两个不同区域同时发生干旱的平均周期为 5.7 ~8.1 年，其中最严重的是 3 个区域的同步干旱。这种情况在过去 526 年的时间里共发生 29 次，总时间为 47 年，占总年数约 9%。因此，在平均周期（5.7 ~11.2 年）内，各分区干旱同时发生的频率不是很低。

从时间的连续性来看，中线地区同步并持续干旱的年份超过同步干旱年份的 1/2 至 2/3。通常有 2 ~5 年的连续干旱，同时发生在南部和中部地区的持续干旱，最长达 6 ~8 年。南部、中部和北部地区的同步和持续干旱年份占总数据年份的 5.7%，过去 526 年共有 11 次干旱，共计 30 年。[②]

4. 旱涝出现的时空分布具有一定的阶段性

章淹及其研究团队对中线地区旱涝变化的趋势进行了分析，发现干旱

---

① 章淹、谯季蓉、林锦瑞：《南水北调中线重大水旱变化及其影响》，《科技导报》2000 年第 2 期。

② 章淹、谯季蓉、林锦瑞：《南水北调中线重大水旱变化及其影响》，《科技导报》2000 年第 2 期。

和洪水的时空分布具有阶段性的特征，这个阶段的持续时间是100年，但它也有更长的或更短的振荡。

值得注意的是，20世纪以来，南部和中部地区的区域干旱数量显著增加。特别是在南区，1901～1995年发生了44次，是19世纪（21次）的两倍多，这是以前从没有出现过的新变化。章淹等研究过梅雨，其认为这可能与江淮地区近半个世纪以来梅雨总体呈干涸和变率增加趋势有关。[①]

四　中线水旱变化对南水北调的影响

章淹及其研究团队提出中线水旱变化对南水北调的影响：当供水区水源不足时，能否稳定地向北供水是一个需要认真考虑的问题；当中线地区出现非常严重的暴雨和洪涝灾害时，防洪和引水工程安全又是必须注意的重点问题。

从供水区水源来看，丹江口集水面积约占汉江全流域的70%。章淹及其研究团队测算，扣除发电、灌溉、航运和日常生活所需和上游用水后，丹江口水库年可调水量占丹江口水库天然径流量的1/3以上。这说明，年均外调水源占汉江水量的很大比例。与东线相比较，会更加明显。东线工程规划从长江调水，年均调水量只占长江水量的5%。因此，在枯水的情况下，外部转移和本地用水之间会有很大矛盾。[②] 尤其是遇到连续旱年时，丹江口水库的入库来水量往往急剧下降。

根据丹江口水利枢纽工程管理局收集的1930～1995年共66年逐年入库来水量资料：水库多年平均入库来水量为383.4亿立方米，库区平均蒸发损失量为2.213亿立方米，在保持正常蓄水水位时，水库库容水量为174.5亿立方米。若保持正常水位，扣除蒸发损失之后，还要考虑上游蓄水、水库发电及下游航运、灌溉等。而且根据拟合的皮尔逊三型曲线，等于大于多年平均入库来水量的保证率只有43%，特别是，多年连旱会导致库容水量减少而得不到补偿。

---

① 章淹、谯季蓉、林锦瑞：《南水北调中线重大水旱变化及其影响》，《科技导报》2000年第2期。

② 章淹、谯季蓉、林锦瑞：《南水北调中线重大水旱变化及其影响》，《科技导报》2000年第2期。

例如，1965～1966年，汉江和南阳地区出现大范围中度干旱。到1966年，丹江河口的来水量下降了78%，仅为$179.1 \times 10^8 m^3$，不到年平均水量的一半，仅相当于水库正常水位。

另一个例子是1976～1978年汉江上游汉中和郧县的干旱，导致这三年来水量不足$300 \times 10^8 m^3$，水库没有得到水源补偿。

进入20世纪90年代以后，安康1992～1994年3年连旱，汉中1991～1995年5年连旱，使1991～1995年5年中入库来水量有4年①下降至300亿立方米以下，1995年的入库来水量仅有217.14亿立方米，属于特少年。在这种情况下，可供外调的水源就非常有限了。因此，他们提出南区能否稳定地向北供水还是一个需要认真考虑的问题，而且区域性干旱在空间上同步并在时间上持续出现时，对长距离调水的影响则将更加严重。②

中线地区是大范围、长时间干旱频繁发生的地区之一，也是特大暴雨和洪水的发生地。这里的降雨量变化很大，降雨量的年际变化是我国最大的地区之一。单站24小时内降雨量年最大值是最小值的8～23倍，而3～7天降雨量的年际变化更为明显。

例如，1963年8月，河北发生了一场大暴雨。邢台7天的降雨量为2050mm，创中国北方最高纪录。在许多监测站，单次降雨的降水量超过该站多年来的平均年降水量。

章淹及其研究团队认为，这些强烈的降雨过程并不像地区干旱那样频繁，但并不罕见。它们的破坏力非常强，这是防洪和引水工程必须注意的关键问题之一。

五　提出的政策和建议

章淹及其研究团队经过研究，提出如下政策建议。

第一，由于丹江口水库流域区的水源不是十分丰富充足，入库来水量≥多年平均值的保证率不高，应及早考虑引调长江的水源。

---

① 章淹、谯季蓉、林锦瑞：《南水北调中线重大水旱变化及其影响》，《科技导报》2000年第2期。

② 章淹、谯季蓉、林锦瑞：《南水北调中线重大水旱变化及其影响》，《科技导报》2000年第2期。

第二，制订因时因地制宜的供水分配方案，以应对沿线各不同旱涝时段与不同水旱地区的供水分配量。在水源不足的情况下，章淹等人认为可适当减少向北的供水量，有重点地保证某些时、区的供水等。

第三，必须强调节约用水，开展多方面的开源与增水措施，如控制水污染、污水净化再利用、增加雨水资源的利用，改进若干大、中型水库蓄水能力与汛限水位标准等。普及节水知识和技术，开展适合本地区的节水农业研究和实践，从政策和法规上鼓励农业科技工作者与农民结合。

第四，做好水源保护。丹江口水库区的水质较好，在进行南水北调工程建设后，将会促进调水沿线附近工业与企业的发展。应接受“先污染后治理”的沉痛教训，严格控制调水沿线中、小企业的无序发展，避免其对水质造成不良的影响与后果。①

六　研究的重要意义

综上所述，章淹及其研究团队一起对南水北调中线地区的水旱变化情况进行了历史分析，提出了南水北调的有利因素以及必须进一步研究和考虑的问题，同时也提出相关政策和建议。章淹及其研究团队的研究在理论上具有独创性，对实践指导具有一定的参考价值。章淹及其研究团队这一研究的重要意义有以下几点。

第一，研究方法上的创新性。章淹及其研究团队运用历史气候学的方法，从气候变化的视角来论证南水北调中线问题，他们将500多年的水旱变化情况与南水北调紧紧结合在一起，其中涉及气候学、天气学、统计学、水文学、地理学等多个学科，这种跨学科的交叉研究方法为气象研究提供了新的思路。

第二，在理论上丰富了对南水北调中线工程的研究和论证。南水北调工程大，涉及范围广，从不同角度对这一工程进行研究论证尤为重要。章淹和她的合作者从降水的时空分布这一熟悉和擅长的领域出发，运用历史气候学的分析方法，分析了丰枯年对南水北调可能产生的影响。这些研究

① 谯季蓉、章淹、林锦瑞：《南水北调中线干旱长期演变及其对策》，李振声主编《中国减轻自然灾害研究：全国减轻自然灾害研讨会论文集（1998）》，中国科学技术出版社，1998，第146页。

成果于1997～2000年发表，与国内同类研究相比是比较早的，补充了南水北调中线工程在这方面的理论空缺，使得对南水北调中线工程的研究论证更加全面综合。

第三，提出的政策建议具有实践指导性。章淹及其研究团队提出了一些切实可行的建议，以扬长避短，充分发挥南水北调中线工程的最大效益。这些建议抓住了本质，不仅有完善工程实施方案的建议，也有针对工程建成后在运行过程中可能产生的情况所提出的建议，有引水、供水、节水、水源保护以及水污染控制等多方面的建议。它们具有很好的参考价值，可以改进南水北调工程项目总体规划的实施方案，并处理项目实施和运行中可能出现的特殊情况。

第四，体现了气象工作服务于政府决策和重大工程。章淹及其研究团队立足于实践，紧密结合国家需求，进行创新性的研究工作，是气象工作服务国家、服务人民的重要体现，为气象科技创新工作树立了榜样。

气象科技文化遗产

以地方文化论防灾减灾历史文脉的现实意义

王　岩　林秀芳　金　婧　王盈怡　赖青莉*

摘　要：本文结合社会调查和业务实践，通过综合调查研究、逻辑归纳、辩证分析，以福建历史上在防台抗旱治水方面出现的三个女神及其在防灾减灾方面的表现为主要案例，从气象、经济和政治三个方面剖析地方防灾减灾文脉的背景，融合中国传统的敬畏天地、顺应天时地利、祈求消灾避难的祈福文化和乐善好施的价值取向，提出了防灾减灾文脉概念，并认为它是中华历史文脉的重要组成部分，其核心是通过个人修身和积极应对，祈祷风调雨顺，实现防灾减灾。防灾减灾文脉具有历史悠久深厚、内涵积极向上、形式丰富多彩等特征。研究还发现，敬畏天地的理念、服务民生的初心、趋利避害的诉求是防灾减灾文脉的重要体现，进而从弘扬天人合一的传统理念、敬畏天地的传统文化、乐善好施的传统美德、服务人民的减灾文脉四个方面阐述防灾减灾历史文脉的现实意义。

关键词：地方文化　防灾减灾　历史文脉

一　前言

在缺乏科学认知和技术的古代，人类的生存和发展严重依赖自然环境，甚至国泰民安也和“天时地利”有密切联系。从被动地祈祷风调雨顺国泰民安的民俗文化的形成，到主动建设水利设施、人工祈雨、预测天气及与自然抗争，中国的防灾减灾历史文脉源远流长。

---

*　王岩，闽江科学传播学者，正研级高级工程师，福建省气象局科普方向首席专家，福建省气象学会常务理事，福建省气象宣传科普教育中心原总工；林秀芳、金婧、王盈怡、赖青莉，福建省气象宣传科普教育中心。

《史记》[①] 根据传说记载，黄帝及尧舜禹时期就“治五气，艺五种，抚万民”“顺天地之纪”，利用季节变化进行耕作，治理“汤汤洪水滔天”，大禹治水成为人们寄托战胜洪涝梦想的传说。根据甲骨文记载，殷商时期就有雨雪、风云、雷雹、虹霓的气象记录（标识），神秘的天文气象知识进入了人们的生活。现在最早的一部记录农事的历书《夏小正》，记载了物候变化。公元前 11 世纪的西周设有周文王灵台观察云气和水旱。战国时期，李冰主持修建了中国早期的灌溉工程都江堰，今天成为世界文化遗产。公元前 2 世纪的西汉时形成完整的二十四节气，张衡发明了相风铜乌测风仪，比西方发明的测风仪早了近千年。长沙马王堆出土的《天文气象杂占》西汉帛书描绘了云图。唐代李淳风在《乙巳占·候风法》中提出了风力等级。元代以来，古人在登封、北京、南京等地建起观象（星）台，观测星象和物候。

福建是台风暴雨洪涝干旱兼而有之且频繁严重的省份，很早就有台风、洪涝和干旱等气象灾害的记录，以及祈风祈雨等防灾减灾活动的记载。据《福建通志》[②] 和《中国气象灾害大典·福建卷》[③] 等记载，“唐大历二年（767）建宁水灾”“宋太平兴国三年（978）兴化飓风拔木，坏廨宇民舍八千区”。清朝福建游艺编著的《天经或问》描述了风、云、雷、雨、露、霜、雾、虹霓等自然现象。《鼓山志》[④]、《福清县志》[⑤]、《同安县志》[⑥] 等记载了福州、福清、同安、南安、安溪等县的“祈雨道场”或祈雨活动。

如鼓山绝顶峰曾是福州古代官员祈雨的地方，“大旱祷雨官常请水于此”，《鼓山志》收录了福建安抚司干办徐鹿卿的《请雨记》（宋绍定五年，1232）、宋真德秀《祷雨疏》和清喀尔吉喜《遣官祷雨疏》等文赋。福清市镜洋镇有“祈雨”摩崖题刻。厦门市同安区“祈雨道场”曾引来同安县主簿朱熹到此祈雨。安溪县也有清水祖师祈雨的故事。福州市定光寺等众多

① （西汉）司马迁：《史记》，中国华侨出版社，2013，第 3 页。

② 郑贞文编《福建通志》，福建省教育厅，1938，福建省气象档案馆馆藏（总卷九第 13～16 页，总卷四五）。

③ 温克刚总主编，宋德众、蔡诗树主编《中国气象灾害大典·福建卷》，气象出版社，2007，第 16、103 页。

④ （清）黄任主修《鼓山志·卷八》，福州市地方志编纂委员会整理，海风出版社，2006，第 97 页。

⑤ 福建省福清县志编纂委员会整理《福清县志·卷之二》（内部发行），1987，第 33 页。

⑥ 同安县地方志编纂委员会编《同安县志》，中华书局，2000，第 1308 页。

寺庙多有祈求风调雨顺的碑文；始建于1064年的木兰陂是福建古代大型水利设施工程，是中国现存最完整的古代灌溉工程之一，成为世界灌溉工程遗产。以陈靖姑、林默娘、钱四娘三位女神为代表的，以防灾减灾救灾为源脉的信俗文化影响深远。

总的来说，古代祈雨可分为祈祷性祈雨和技术性祈雨。祈祷性祈雨一般可选择在寺庙，程序化地表示对自然的敬重和渴望下雨、祈求风顺的愿望。技术性祈雨对祈雨的地点和时间可能是有要求和选择的。我们发现大多数“祈雨道场”选择在海拔相对较高的高山或水潭溪边，祈雨除了要看天气，还需要焚香膜拜，在所谓法术之中，有意无意蕴含了和现代暖云增雨技术类似的科学原理。

本文从气象、文化和社会三个方面，阐述三位女神诞生的背景，展示防灾减灾的历史文脉，揭示劳动人民渴望战胜气象灾害的美好愿望，进而告示：人民群众对战胜自然灾害的期盼，对美好生活的向往，也是新时代防灾减灾救灾的初心和使命。在走向伟大复兴的新时代，在建设生态文明之时，我们不仅要防御台风、暴雨、干旱等自然灾害，更要防御不尊重自然和破坏环境带来的灾难。因此，弘扬防灾减灾历史文脉，对倡导尊重自然规律，崇尚人与自然和谐共生，弘扬优秀传统文化，促进社会文明建设，提高科学防灾减灾能力具有重要的现实意义。

二　福建三位女神的简况

（一）陈靖姑抗干旱的传奇

陈靖姑（767～791），福州闽侯下渡人（现福州市仓山区下渡街道）。据《闽都别记》[①] 等记载，陈靖姑年少时到闾山学习道教法术，相传学有呼风唤雨之术。公元790年“福州井泉枯”，“闽侯、漳浦旱疫”。面对干旱，民不聊生，陈靖姑不顾怀胎三月和师傅的劝告，在福州闽江边祈雨抗旱。由于祈雨劳累过度动了胎气，陈靖姑因流产而去世，年方24岁。

可以说，陈靖姑是为了增雨抗旱而去世的。她的事迹感动了民众和朝廷。多个朝代的政府对陈靖姑进行加封敕赐，清乾隆帝封赐陈靖姑为“太

① （清）里人何求纂《闽都别记》，福建人民出版社，2008，第95～101页。

后”，逐渐形成了陈靖姑信俗，陈靖姑被奉为陆上女神，还被当代人称赞为“福州人的好女儿，古田人的好媳妇，古代人的活雷锋”。

（二）林默娘防台风的佳话

林默娘（960～987），农历三月二十三日出生于福建省莆田市秀屿区湄洲岛。其祖父官居福建总管，其父曾任都巡检，家境良好，使之能够从塾师启蒙读书。由于莆田沿海常受台风危害，林默娘看到了乡亲们饱受台风灾害的痛苦，矢志不嫁，利用所学的“预知休咎事”技能，热心从事行善济人，治病救人，防疫消灾和天气预测。林默娘事前告知船户可否出航，帮助渔民避台风消灾，逢凶化吉。

林默娘 27 岁去世后，先后受到北宋、南宋、元、明、清等各朝政府多达 38 次褒封，从人变成神，被誉为“航海保护神”，并演变成妈祖信俗文化，成为海峡两岸共同的信仰。2009 年 9 月，妈祖信俗被联合国教科文组织列入“人类非物质文化遗产代表作名录”。1992 年中国邮政专门发行妈祖邮票。2013 年中央电视台播出电视连续剧《妈祖》。

（三）钱四娘治洪水的事迹

木兰溪是福建省的重要河流之一，是“五江一溪”的组成部分之一，也是福建莆田的母亲河。根据《莆田县志》[①] 等记载，宋代长乐女子钱四娘，了解到木兰溪常常发大水，民不聊生，产生了在木兰溪兴修水利，造福后人的念头，并携家资建陂治河。治平元年（1064），她来到莆田，在樟林村附近的将军岩前垒石筑陂。大坝工程经过 3 年于 1067 年夏完工。然而，一场洪水咆哮而至，或与“选址不当”有关，刚刚建成的石陂石崩陂溃。目睹 3 年之功毁于一旦，钱四娘悲愤欲绝，不幸落水遇难。

木兰陂的建造并没有因为钱四娘的去世而停滞。为钱四娘的义举所感动，公元 1068 年，长乐同邑进士林从世携款 10 万缗，在钱陂址下游温泉口（今木兰村）再度筑陂，但仍然因选址不当，港窄潮急，大坝在即将落成时就被汹涌的河水冲毁。两次建陂失败惊动了朝廷，也适逢王安石大力推行“农田水利法”时期。1075 年，侯官（今福州闽侯）义士李宏应诏携资 7

---

① 莆田县地方志编纂委员会编《莆田县志》，中华书局，1994，第 223～250 页。

万缗到莆田，吸取前两次失败的教训，选择河道宽敞，河水流动相对平缓处，采用两头应对洪水和潮水的技术措施再次修陂，终于在1083年建成木兰陂。

木兰陂和都江堰一样，都是先人治理江河、疏导洪水的主动防御的杰出工程，这证明先人面对气象灾害不仅有顺应自然、祈祷风调雨顺的梦想，更有不怕牺牲敢于与自然抗争的精神。今天，木兰陂仍然发挥着拦洪、挡潮、排涝、蓄水、引水、灌溉的重要作用。2013年，木兰陂获评国家水利风景区。2014年9月16日，木兰陂灌溉工程成功列入首批世界灌溉工程遗产名录。三位女神简况（见表1）。

表1　三位女神简况一览

	姓名	尊称	生卒年	贡献	成名地域	气候背景
	陈靖姑	临水夫人	767～791	抗干旱	福州	“唐贞元六年（790），尤溪、闽侯、漳浦旱疫，人渴，疫死者甚众，福州井泉竭，沙县疫，漳州旱”
	林默娘	妈祖	960～987	防台风	莆田	“宋太平兴国三年（978），‘兴化飓风拔木，坏廨宇民舍八千区’。公元1090年，兴化，飓风大作，边海居民漂荡万数”
	钱四娘	钱夫人	1049～1067	治洪水	莆田	“公元767年，建宁水灾。公元1066年，夏，六月，泉州大雨，城市水涨，坏民庐舍数千百家”

注：附图为笔者拍摄的女神雕像。

资料来源：温克刚总主编，宋德众、蔡诗树主编《中国气象灾害大典·福建卷》，气象出版社，2007，第16、103页。

三　三位女神从人到神的原因分析

陈靖姑、林默娘、钱四娘作为地方性的传奇人物，有三个共同之处：

一是三者都是年轻早逝的女性，在男尊女卑的封建社会，能成为女神确实不易；二是家境都不错，能够从小接受教育，具备行善的技能和经济实力；三是都怀有为民造福、积善行德、布施济世的爱民情怀。她们能够从凡人演变成为被寄托“护佑一方”的女神，能够千百年传而不衰，究其原因，主要有以下三点。

（一）气象背景——防灾减灾的客观需求

福建沿海气象灾害危害大，次数频繁。在科技不发达的古代，面对肆虐的台风暴雨洪涝干旱，人们往往把防台风、抗干旱和治理洪水等抗御自然灾害的梦想，不仅寄托于具体技术措施，也寄望于天界和神仙等超能力，借助神力给人们带来了平安和精神抚慰。因此，三个凡人成为防台风、抗干旱和治洪水的女神，都具有源自防灾减灾客观需求的共性。

1. 福建台风概况

福建是中国受台风影响最频繁，受台风危害最严重的省份之一。据《福建气候》[①]，1884～2010年，平均每年4.9次台风登陆或影响福建，其中登陆台风平均每年1.95次，受台风影响平均每年2.99次。登陆或影响福建的台风主要集中在夏季（7～9月），故夏季又称为台风季，登陆台风占85.5%，影响台风占75.8%。年中最早登陆的台风为1961年5月13日的3号台风，年中最晚登陆的台风为2010年10月23日登陆漳浦县六鳌镇的13号台风“鲇鱼”。最早影响的台风出现于4月中上旬，为1999年登陆惠来的9902号台风；最晚影响的台风出现在12月上旬，为登陆广东台山的7427号强台风。

福州至厦门之间沿海是台风登陆较多的区域。根据统计在1949～2010年总计117次登陆台风中，登陆福建北部（福州以北）有30次，中部（福州至厦门）有61次，南部（厦门以南）有26次。湄洲岛位于福建中部近海，是台风登陆最多的地区，加上受台湾海峡狭管效应影响，平时风速也较大，所以，莆田湄洲岛受台风影响最为显著。

① 鹿世瑾、王岩主编《福建气候》，气象出版社，2012，第121～122、139、143、156页。

2. 福建洪涝概况

福建是中国暴雨高频区之一，福建暴雨次数和强度次于台湾、海南、广东，与广西接近，在全国名列前茅。全省各县市年平均暴雨日数为3.9天（漳平）至8.6天（云霄），大部地区4~7天；全省各县市气象台站一日最大降水量为141.9mm（古田）至472.5mm（柘荣），各县市最大连续降水量为372.4mm（福州）至1087.6mm（武夷山）。

暴雨多、强度大、活动季节长，所以常导致严重的洪涝灾害。福建的暴雨主要集中于春、夏两季。除台风带来暴雨外，福建的5~6月因降水集中而被称为雨季。由于莆田位于沿海，既受锋面系统的暴雨影响，也受热带系统的台风暴雨的危害，是历史上频受洪涝影响的地区，其木兰溪历史上经常洪水泛滥。

3. 福建干旱概况

福建虽然降水量多，但有年际间的不均性、季节间的差异性和季内降水分布的波动性，尤其闽东南沿海地区水量少、变化大，加上夏季气温高、热期长、植被差、蒸发强，所以容易产生气候干旱。福建气候干旱的特点是出现频率高，活动季节长，成灾范围广，并有地域多发区和高频多发季。

据统计，福建春旱2.5~3.3年一遇，夏旱1~2年一遇，秋冬旱2~3年一遇。年频率为75%，平均4年三遇。其中特旱9年占17.3%，重旱11年占21.2%，合计20年，频率为38.5%，约5年两遇。

（二）文化基因——传统文化基因的作用

面对神秘的大自然，中华民族自古就有敬畏天地、祈求保佑和乐善好施、积极抗争相融合的传统文化。三位女神家境都不错，应该属于非富即贵的家庭，才有从小读书求学的机会。三位女神与台风、暴雨、洪涝和干旱作斗争，还和敢于与自然灾害抗争的中华文化有关。盘古开天、女娲补天、大禹治水、精卫填海、后羿射日和愚公移山等神话传说，表明了劳动人民在自然面前不只是单纯消极地接受和躲避，而是积极主动地谋求通过征服自然和改造自然达到改变命运的目的。三位女神的故事也同样印证了：中华民族不仅是敬畏天地的民族，也是不甘屈服于自然灾害，善于与自然抗争、不屈不挠的民族。

1. 敬畏天地的传统文化

敬畏天地是中华民族的传统文化。中国的祭祀文化源远流长，祭祀的对象起初是神灵，后来又发展成祭祖先、祭古代名人。

中华历史上有三大祭祀。祭祀黄帝，祭祀的是华夏民族的祖先，祭祀的官方色彩较浓，隆重庄严。祭祀孔子，祈求政通人和、国泰民安。祭祀妈祖，历史相对短暂，祈祷风调雨顺，保佑平安，祭祀的民间色彩显著。

从表 2 中国敬畏天地的传统民俗个例和表 3 中国敬畏天地的圣地和场所中，我们可以看到：敬畏天地具有历史悠久性、民族广泛性、形式多样性、科学和信仰融合性四大特点。敬畏天地或许源于自然的神秘和恩威并济，形成朴素的感恩和敬畏文化有着积极的意义。三位女神的产生，反映和寄托了古代劳动人民顺从天意，祈祷上天保佑，期盼美好生活的愿望。希望超能力者不仅防台风、抗旱治水，保佑生活、生产安全，还能保胎顺产，保佑生命安全。

表 2　中国敬畏天地的传统民俗个例

序号	名称	内涵	形式
1	祭灶（过小年）	祈求保佑新的一年	祭拜灶神的形式
2	传统婚礼拜天地	敬拜天地和感恩祖先	传统婚礼三拜仪式
3	藏民敬酒礼仪	敬天地	三口一杯敬酒仪式
4	喊山（福建开采茶叶仪式）	感谢上天赐予好茶	开采茶叶前的仪式
5	佤族木鼓	祝福风调雨顺、国泰民安、四海升平	佤族习俗敲三声木鼓
6	广西瑶族盘王节	庆丰收，感恩上天，纪念先人，祈求来年风调雨顺	国家级非物质文化遗产，载歌载舞
7	海峡两岸敬天祈福活动	两岸同根同脉的文化交流	两岸文化交流

资料来源：作者根据实地调研、文献及新闻报道综合归纳制作。

表 3　中国敬畏天地的圣地和场所

序号	名称	地点	初始用途
1	天坛和地坛	北京	祭拜天地，祈祷风调雨顺，国泰民安
2	周文王灵台	陕西西安	祭天慰民，期望悠然而治，同乐同化
3	陶寺古庙天台	山西襄汾	观察天象
4	登封观象台	河南登封	观察天象
5	民间土地庙	常见于农村田间地头	感恩和祈求风调雨顺、五谷丰登

资料来源：作者根据实地调研、文献及新闻报道综合归纳制作。

2. 祈祷保佑的祈福文化

中国著名气象学家竺可桢先生的研究表明，在殷墟发现的甲骨里，能确认 137 件是求雨雪的，有 14 件是记载降雨的。民间也留下“商汤祈雨”等祈雨的故事。早在宋朝，福建就有多处“祈雨道场”，泉州有“祈风石碑”。这说明，在科学技术落后的古代，祈求天降甘霖，消灾避难，是人们的愿望和梦想，也展示了劳动人民的智慧。面对神秘的、肆虐的自然灾害，劳动人民没有听天由命，而是积极作为，塑造了与自然灾害抗争的精神偶像和寄托。本文三位女神就是其中的优秀代表，代表了黎民百姓的美好梦想，代表了防灾减灾的现实愿望。她们以身作则，为之献身，践行了防灾减灾为百姓的信念。

这种寄托女神（超人）的依赖思想及消灾祈福行为，尽管有唯心和唯利成分，但客观上，次生三个好处。一是促使人们顺从天意，敬畏自然。二是促进科技进步，推进科学防御。三是使防灾减灾有了精神寄托。据载，郑和七次下西洋，选择在福建下南洋，和船员信仰妈祖有关。在茫茫大海，遇到台风险情，面对惊涛骇浪，坚定信仰，保持战胜风浪的定力和信心，具有心理安慰的积极意义。

3. 乐善好施的价值取向

三位女神是乐善好施的典型代表，爱国爱乡、乐善好施正是三位女神的写照。钱四娘变卖家产凑足十万缗修建木兰陂，陈靖姑和林默娘不辞辛苦甚至危险投身抗旱和防台风，就是爱国爱乡的具体表现。从这个角度说，“爱国爱乡、海纳百川、乐善好施、敢拼会赢”的福建精神，是有悠久传统文化基础的，并在现代得到了发扬。1962 年 10 月上旬至 1963 年 6 月，闽南地区出现特大干旱。龙海县榜山公社在抗旱中，为了顾全大局，做出自我牺牲，“宁淹千三救十万”，用淹掉 1300 亩水稻田的代价，确保堵江引水工程的顺利实施。

（三）政治因素——安邦治国维护社会和谐的手段

三位女神从人到神离不开历代封建朝廷的推崇和赐封。民众铸造三位女神对维护统治阶级的统治是有利的，具体表现在三个方面。一是展示执政为民。顺应民意的姿态，一旦官方祈雨有应，表面上看是缓解了旱情，实际上最重要的是稳定了社会和树立了官方权威，实现了对地方社会的有效控制。二是倡导敬畏天地文化，便于安邦治国。在自然灾害面前，让民众简单地觉得只是上天对自己造孽的天谴，是因果报应，从而避免想到和追到朝廷救灾不力的责任，乃至朝廷开仓放粮，老百姓还得感激涕零，高呼“万岁”。三是宣扬皇帝权威，树立皇权思想。宣扬对天的敬畏，就要转化为忠于朝廷，敬畏皇帝，普天之下皆为皇土，皇帝就是天子，若有造反之心，便是大不敬，杀无赦。北京的天坛，就是皇帝祭天的地方，祈祷苍天保佑其江山永固，皇权所及风调雨顺，希望平安执政，少些由灾害性天气造成的不稳定因素。

由此可见，防灾减灾文脉寄托人们对美好生活的向往，成为千百年来人们生活中的精神支柱，这与统治集团维护社会和谐、安邦治国有着共同的需求。政府的积极褒奖和倡导也有力促进防灾减灾历史文脉的延续和发展。

四　防灾减灾历史文脉的现实意义

“文脉”简单地说就是文化的脉络，是一种文化现象的历史渊源和基因。根据三位女神从人到神的演变及古代有关防灾减灾的记载，我们可以看到：中国防灾减灾文脉，是中国文脉的重要组成部分，是中华传统文化的有机组成，它是基于防御以气象灾害为主的自然灾害的伟大实践，经过上千年来的历史积累沉淀，集合信念、习俗组成的文化渊源和基因。福建防灾减灾文脉是中国防灾减灾文脉的重要组成部分，具有三大特征：一是历史悠久深厚；二是内涵积极向上；三是形式丰富多彩。以敬畏天地的思想为引导，遵循乐善好施的价值导向——不论是祈祷个人的吉祥安康，还是祝愿国家风调雨顺、国泰民安、政通人和，都具有积极的意义。

三位女神的形象源自防灾减灾文脉的信俗文化，经过千百年的演变，增加了一些类似宗教的特色。今天，我们应该正确认识具有防灾减灾特色的信俗文化，去其演变过程中附加的具有迷信和功利色彩的东西，正本清源，看到敬畏天地、乐善好施、防灾减灾才是其信俗文化的初心和使命。而这样的初心和使命，来自人类与自然灾害抗争的历史，来自民间，来自千百年的演变和不灭的信念。这样的防灾减灾的初心和使命，对于当代科学的防灾减灾来说，具有鲜明的现实意义，主要体现在以下四个方面。

（一）弘扬天人合一的传统理念，有助于生态文明建设

人民对美好生活的向往，除了物质保障外，还包括对政通人和、风调雨顺、生态环境优美的向往。

关于人与自然的关系，恩格斯有这样的论述："不要过分陶醉于我们人类对自然界的胜利。对于每一次这样的胜利，自然界都对我们进行报复。"[①] 这也说明，敬畏天地不仅是中国的优良传统，也是世界的，人类的，这对于爱护人类生存的家园，构建人与自然生命共同体也具有积极的意义。

党的十九大报告指出，"人与自然是生命共同体，人类必须尊重自然、顺应自然、保护自然"[②]。党的十九大报告还指出，建设生态文明是中华民族永续发展的千年大计。必须树立和践行绿水青山就是金山银山的理念，坚持节约资源和保护环境的基本国策，像对待生命一样对待生态环境。生态文明建设功在当代，利在千秋。新时代的生态观，坚持人与自然的和谐，以创新、协调、绿色、开放、共享的新发展理念，突破了机械理解和执行"人定胜天"、"宁要论"和"不管论"的局限性和片面性，实现了对发展规律认识的深化和升华，推进了治国理政思想理论和科学发展观及方法论的新飞跃。

---

① 马克思、恩格斯：《马克思恩格斯文集》（第9卷），人民出版社，2009，第559~560页。

② 习近平：《决胜全面建成小康社会，夺取新时代中国特色社会主义伟大胜利》，人民出版社，2017，第50页。

历史可能有其认识的局限性和时代性，所以，要辩证地反思历史发展的关联性。科学的发展，既要“绿水青山”，也要“金山银山”。“天人合一”，人民是中心，顺应自然是规则。所以，一要靠科技，靠人的智慧，合理开发利用自然资源，实现开发和保护的融合发展。二要靠人的自律，靠教育，制约贪婪的人性，防止向自然过分索取，保护绿水青山。

当然，发展过程中充满矛盾，关键要有长远观、全局观，提高定力，抓住主要矛盾不能把权宜之计当作主流。从这方面讲，党的十九大的生态观，较好地理顺了发展和保护的辩证关系，体现了更加科学和可持续的发展观。

（二）倡导敬畏天地的传统文化，有助于社会和谐稳定

中国有敬畏天地的优良传统和价值观。敬畏天地，有助于探索自然规律，认识自然规律，推进相关科学的发展。敬畏天地，尤其有助于抑制欲望的心魔，有助于减少破坏环境等行为，进而倡导积德行善，庇佑后人。

山水林田湖草沙是一个生命共同体，生态环境是人类生存和发展之基。我们的发展进程中，一度在唯利是图的驱动下，存在乱砍滥伐、乱排污水、滥排废气、乱埋垃圾等破坏环境的行为。究其原因，缺乏的不仅仅是法律意识，更缺乏的是对环境的敬畏，对天地的敬仰。

倡导敬畏天地的传统文化同依法管理相结合，提高全民遵纪守法的法律意识、敬畏天地的道德修养和防灾减灾的科学素质，才是防御自然灾害，维护社会和谐的正道。

（三）倡导乐善好施的传统美德，有助于文明社会建设

伟大的时代，需要伟大的精神。伟大的精神不是从天上掉下来的，而是孕育在天地之间，源自悠久的历史文化，诞生在实践之中的。来自历史沃土和来自新实践且得到民众广泛认可的精神，才有生命力。古有三位女神抗灾为民，当代有 1962 年福建漳州抗旱的“龙江精神”，1998 年的长江抗洪精神，以及 2008 年的抗震救灾精神和 2020 年为抗击新冠病毒而逆行的抗疫精神。

今天，我们不乏与时俱进的各种精神，但倡导乐善好施的传统美德，依然具有积极的意义。我国著名企业家和慈善家曹德旺致富不忘慈善，捐

资建图书馆建大学等，就是弘扬传统文化、践行福建精神的当代典型。

（四）弘扬服务人民的减灾文脉，有助于提高防灾减灾科学水平

实践出真知。在马克思的认识论中，实践决定认识，认识对实践具有能动的反作用。毛泽东说过“人的正确思想，只能从社会实践中来”。[①]

2016 年 12 月，《中共中央　国务院关于推进防灾减灾救灾体制机制改革的意见》中心思想就是“两个坚持、三个转变”，即“坚持以防为主、防抗救相结合，坚持常态减灾和非常态救灾相统一，努力实现从注重灾后救助向注重灾前预防转变，从应对单一灾种向综合减灾转变，从减少灾害损失向减轻灾害风险转变”[②]。

新时代的防灾减灾救灾体制机制的中心思想，与习近平总书记对福建历史省情和天气气候的了解，以及组织防灾减灾的领导实践有着密切联系。福建是气象灾害种类多、发生频、危害大的省份，习近平在福建省、市两级工作 17 年，知天气，懂民意，讲科学，积累了丰富的组织领导防灾减灾实践的经验。任省领导期间，6 次到省气象局调研指导，10 次对防台减灾、防雷减灾、抗旱、人工影响天气和气象现代化建设等气象工作做出批示或指示，亲自协调解决福建现代化建设、福建省气象局整体搬迁等具体问题。2001 年 4 月 24 日习近平同志在福建省气象局调研时指出：“气象部门与国计民生有着密切关系，是一日不可或缺的服务保障部门，同时，气象部门准确、及时地预报，在重大灾害来临之时为决策部门提供了科学、可靠的依据。”[③]

可以说，防灾减灾历史文脉是新时代防灾减灾思想的文化基础；福建是新时代防灾减灾思想的摇篮、实践地、孕育地，习近平总书记亲自推动防灾减灾理论创新、实践创新和制度创新，擘画了新时代防灾减灾发展蓝图。新时代防灾减灾思想是历史文脉、科学技术和依法治国相结合，人民思维、辩证思维和科学思维相融合的时代传承，是实践与智慧的结晶，是新时代科学防灾减灾的指导思想和行动指南。

新时代防灾减灾思想具有以下几个鲜明的特点。

---

① 《毛泽东传》（第六册），中央文献出版社，2011，第 2289 页。

② 《深入学习贯彻习近平关于治水的重要论述》，人民出版社，2023，第 193 页。

③ 福建气象局编《金句摘编》，2023，内部资料。

一是人民性。为人民谋幸福是共产党的初心，是各级政府的职责，也是防灾减灾的初心使命，更是人民拥护党、相信政府的基础。敬畏天地不仅要敬畏自然界的天地，还要敬畏人间的天地——那就是人民。把维护人民的利益放在首位，把保障人民群众的生命财产安全作为首要任务和应急处置工作的出发点和落脚点，这是制定防灾减灾机制的核心和根本，同时，也是社会参与的基础。

二是科学性。提高了防灾减灾救灾的针对性和精准性，改变“有钱买棺材，没钱买药”和“拆东墙补西墙”类的粗线条的防灾模式。在福建，台风受灾区主要在台风登陆的沿海，而对距离沿海较远的内陆地区台风带来的降水往往利大于弊。但过去防御台风时，缺乏精准防御，民间素有“沿海感冒，山区吃药”的戏说。再比如“宁可信其有，不可信其无；宁可信其重，不可信其轻”“不惜一切代价抢险”等，作为防灾减灾战略思路，提高警惕意识是完全正确的，但作为防御战术在执行上存在一定的不可持续性问题。我们要正确认识不惜一切代价救灾的愿望与科学救灾的辩证关系，依法按照防御预案开展防灾减灾救灾。灾害精密监测、精准预报水平的提高，为精准防御奠定了科技基础。从未来发展趋势看，依托科技进步和人的观念的转变及政府组织水平的提升，重大自然灾害和疫情的防控必将走精准防御路线，这是可持续的防御路线。

三是协调性。党的十九大以来，各级政府应急管理部门的组建和预警平台的统一，有效提高了防灾减灾救灾组织的协调性，解决了过去灾害防御上各自为政联动不够，或重复建设，或存在管控盲区（如防御低温寒害不属于防汛抗旱部门职责，曾存在无明确组织防御部门的局面）等问题，标志着防灾减灾组织层面的成熟，对促进“政府主导，部门联动”（本质上二者都是政府职责，体现政府作为和担当）有效落实，推进政府部门职能优化、资源共享，提高防灾减灾救灾效率也具有积极意义。

四是前瞻性。“三个转变”把握自然灾害的形成规律，抓住防灾减灾的“命脉”。我们知道，自然灾害的危害程度取决于致灾因子的危险性、孕灾环境的敏感性和承灾体的脆弱性三个因素。虽然灾害性天气等自然因素无法避免，但是，通过保护生态环境，科学规划城乡建设，合理开发江河小水电，加强汛期防汛统一调度，加强农村农田灌溉水利设施维护和新建，提高城乡排洪标准、城乡建筑抗震水平，普及防灾减灾知识，提高民众防灾减灾救灾意识和技能，等等，均可降低孕灾环境的敏感性，提高承灾体的抗灾能力，完全可以有效减轻灾害危害和影响。因此，防灾减灾必须综合治理，务必改变“平时不烧香，临时抱佛脚”、事先常态化防御不足、重硬件轻软件等情况，唯此才能未雨绸缪。

结　语

防灾减灾历史文脉，是中国文脉的重要组成部分，是中华传统文化的有机组成部分，具有积极的内涵。无论是抗台风减灾的林默娘，还是治理洪水的钱四娘，抑或增雨抗旱的陈靖姑，她们都始终坚持以人为本，其奉献精神、敬业精神和战天斗地的英勇精神，以及形成的中国传统的减灾文化，依然值得当代气象科技工作者学习和传承。

灾害性天气不可避免，但可以防御。只要坚持全心全意为人民服务的防灾减灾的初心和使命，科学地发挥气象防灾减灾第一道防线作用，科学地防灾减灾，必能把期盼风调雨顺的防灾梦想，变成趋利避害减轻气象灾害的现实。

洛阳古代气象灾害防御遗址探寻与思考

王林香　冉　晨　吴文华*

摘　要： 中国古代以农业为主，对气象条件依赖很大。随着对自然界认识程度的加深，自先秦起，气象灾害防御思想初步形成并快速发展。中国古代气象灾害防御思想大致可以分为灾害预测、兴修水利和仓储备荒三种。洛阳是一座历史源远流长、文化底蕴深厚的千年古都，有着众多的文化遗址，汉魏洛阳城东汉灵台遗址是我国早期的国家天文气象观测台，汉魏洛阳城阳渠遗址是中国古代城市水利和气象灾害防御设施的典范，洛阳回洛仓遗址、含嘉仓遗址是隋唐时期大运河沿岸的重要官仓遗址。本文就探寻到的几处与古代气象灾害防御有关的遗址，结合中国古代气象灾害防御思想进行探讨与思考。

关键词： 洛阳　气象灾害　灾害防御　遗址

中国古代以农业为主，对气象条件依赖很大，若风调雨顺则国泰民安，若灾害频发则民不聊生。我们的先民为了生存和发展，与气象灾害一直做着顽强的斗争，并在斗争中总结积累了大量的宝贵经验，这对我们今天的气象灾害防御仍有着积极的借鉴作用。随着对自然界认识程度的加深，自先秦起，气象灾害防御思想初步形成并快速发展。中国古代气象灾害防御思想大致可以分为灾害预测、兴修水利和仓储备荒三种。

洛阳是一座历史源远流长、文化底蕴深厚的千年古都，居天下之中，处九州腹地，有 5000 多年文明史、4000 多年城市史、1500 多年建都史，先后有 13 个王朝在此建都，是我国建都最早、历时最长、朝代最多的城市，

*　王林香、冉晨、吴文华，洛阳市气象局。

现有全国重点文物保护单位 51 处、河南省文物保护单位 115 处。① 汉魏洛阳城东汉灵台遗址是我国早期的国家天文气象观测台，汉魏洛阳城阳渠遗址是中国古代城市水利和气象灾害防御设施的典范，洛阳回洛仓遗址、含嘉仓遗址是隋唐时期大运河沿岸的重要官仓遗址，这几处遗址在 2014 年全部入选了世界文化遗产名录。

一　灾害预测

古代灾害预测是通过观测天气现象的变化和天气运行的规律来推测灾害的发生和农业生产的丰歉，以求能够预知灾害，提前做好应对。《周礼·春官·保章氏》中关于“以五云之事辨吉凶、水旱降丰荒之祲象”的表述，《史记·货殖列传》中越国计然“故岁在金，穰；水，毁；木，饥；火，旱。旱则资舟，水则资车，物之理也。六岁穰，六岁旱，十二岁一大饥”的观点，都说明先秦时期已经开始探索预测各种气象灾害的方法，以尽可能做到在灾害来临之时有备无患。②

汉魏洛阳城东汉灵台遗址是我国早期的国家天文气象观测台，位于河南省洛阳市洛龙区汉魏故城遗址保护区南郊。据记载，东汉灵台始建于公元 56 年，距今已有 1900 多年的历史，一直沿用到曹魏和西晋，毁于西晋末年的战乱，经历了三个朝代更迭，共 250 多年。东汉灵台南北长约 41 米，东西宽 31 米，高 8 米，中间是一座方形的夯土高台。灵台分为上、下两层：上面一层是露天的观象台，存放着很多观测仪器；下面一层是观测者记录数据的办公地点，有坡道通往二层平台。灵台是东汉太史令下的一个机构，我国古代著名科学家张衡先后两次任太史令职务，在这一时期，他领导、主持并参与了灵台的天文气象观测和研究，写出了《阳嘉二年京师地震对策》《浑天仪图注》《灵宪》等科学著作，制作了震古烁今的候风地动仪、浑天仪。③

① 《魅力洛阳》，2022 年 1 月 16 日，http://www.ly.gov.cn/html/1//2/49/50/index.html。

② 张娜、刘浩、崔巍：《中国古代气象灾害防御制度研究》，许小峰、高学浩、王志强主编《第三届全国气象科技史学术研讨会论文集》，气象出版社，2019，第 202～209 页。

③ 法乃亮：《河南的古代天文学成就》，《中原地理研究》1986 年第 2 期。

二 兴修水利

兴修水利是通过工程手段来治理江河，不但可以疏导洪水、储水抗旱，而且可以通过人工灌溉增加粮食产量，提高人们对灾害的承受力，成为古代气象灾害防御的一种重要形式。从大禹变堵为疏的治水策略到荀子“修堤梁，通沟浍，行水潦，安水藏”的主张，都达到了“以时绝塞，岁虽凶败水旱，使民有所耘艾，司空之事也”的结果。兴修水利使得中国古代出现最多、影响最深的洪水和干旱灾害有了有效的预防手段。

汉魏洛阳城阳渠遗址是中国古代城市水利和气象灾害防御设施的典范。《水经注》等古文献所记载的“阳渠”，即古代洛阳城市用水的大型人工渠道，在汉魏洛阳城遗址北魏宫城西墙外侧被发现。汉魏洛阳城遗址是我国首批重点保护的大型遗址之一，并成为世界文化遗产。2014 年丝绸之路申遗成功，洛阳汉魏故城是其最东端的遗址，也是我国古代都城中定都时间最长、规模最大的都城，东周、东汉、曹魏、西晋、北魏等朝代都曾在这里建都。阳渠是伴随着汉魏洛阳故城的营建、改造、扩建而产生的水利配套工程，在民众生活用水、灌溉、漕运等方面起到重要作用。[①] 洛阳城区内有伊河、洛河、瀍河以及涧河，均为季节性河流，河流中水的多少与降雨量有着密切关系，如果发生暴雨泄洪不及时，河水就会溢出堤坝给洛阳城造成极大的破坏。水旱灾害是中国古代最常见，也是最严重的气象灾害，大型人工渠道的建设促进了古代洛阳城市的发展，是古代防御气象灾害的重要水利设施。

三 仓储备荒

仓储备荒是在灾害发生前储备足够的粮食，官府在灾害来临无粮可收时，能够有存粮帮助民众渡过难关，不至于出现饿殍遍野、民不聊生的局面。在反映先秦礼制的《礼记·王制》中“国无九年之蓄，曰不足；无六年之蓄，曰急；无三年之蓄，曰国非其国也。三年耕，必有一年之食；九

① 贾璞：《汉魏洛阳城阳渠遗址与古代都城的生态水利建设》，《中州学刊》2017 年第 7 期。

年耕，必有三年之食。以三十年之通，虽有凶旱水溢，民无菜色”的表述，便是仓储备荒思想的体现。[①]

洛阳回洛仓遗址、含嘉仓遗址是隋唐时期大运河沿岸的重要官仓遗址，2014 年随中国大运河项目入选世界文化遗产名录。回洛仓建于隋炀帝统治时期，是隋炀帝在洛阳建立的粮仓。仓城设有东、西两个仓窖区，各由“十”字形道路将其分为 4 个独立的存储区。根据仓窖分布规律推算，整个仓城约有 700 座仓窖，每座仓窖储粮约 50 万斤，总储粮量约 3.55 亿斤，目前已探出仓窖 220 座。

含嘉仓遗址位于今洛阳市老城区的北侧，始建于隋朝，从唐朝开始大规模存粮，成为国家的大型粮仓，是唐、宋时期大型官仓之一。《文献通考》记载：“诸色仓粮总千二百六十五万六千六百二十石……含嘉仓五百八十三万三千四百石。”根据考古勘探结果，完整的含嘉仓城南北长 725 米，东西宽 615 米。含嘉仓有 400 余座仓窖，每座仓窖储粮约 50 万斤，目前已探知仓窖 287 座。现如今，遗址保护区展示的含嘉仓 160 号仓窖于 1972 年发掘清理，是含嘉仓迄今发现的最完整、储量最大的仓窖遗存，该仓窖现存大半窖的黑色炭化谷子，由此看来，河南“国家粮仓”的称号古来就有之。[②]

四　几点思考

（一）古代气象灾害防御思想和设施是先人留给我们的宝贵财富

中华民族历史悠久，长期以来史书、志书上记载了很多先人的气象灾害防御思想和灾害现象以及修建的一些灾害防御设施。这些历史资料和遗址是先人留给我们研究气象灾害预测、发生规律、灾害防御的重要资料和宝贵财富，我们有责任进一步挖掘、保护和研究。

---

① 叶炜：《隋唐时期的粮食储备政策》，《人民论坛》2019 年第 33 期。

② 郭歌：《洛阳仓窖博物馆今日恢复开放》，2020 年 12 月 18 日，https://www.henandaily.cn/content/2020/1218/271594.html。

（二）灾害防御思想是气象灾害防御制度和政策制定的理论依据

先秦之后，各个时代也出现了不少有代表性的灾害防御思想，如两汉时期“以工代赈”的思想，隋唐时期“劝农积谷”的思想，两宋时期“荒年募兵”的思想，明朝时期“重典惩吏”和清朝时期输入灾荒资料、指导灾害防御的思想等。这些思想都是在继承和发扬先秦防灾救灾思想的基础上，结合当时的社会现状和发展水平诞生的，为当时气象灾害防御制度和政策的制定提供了理论依据。

（三）完善的法律法规是持续提升气象灾害防御水平的根本遵循

在与气象灾害的长期斗争中，中国古代各个历史时期结合当时的社会现实也诞生了一些与气象灾害防御相关的法律制度，比如重农、仓储、水利、林垦等气象灾害预防制度，赈济、调粟、养恤等气象灾害救助制度。随着社会的进步，法律制度不断完善。进入21世纪，《中华人民共和国气象法》成为新中国气象灾害防御的根本大法。为保障人民生命财产安全，加强气象灾害的防御，避免、减轻气象灾害造成的损失，国务院出台《气象灾害防御条例》，编制《国家气象灾害防御规划》，各级政府也都结合本地实际出台切实可行的气象灾害防御规划、制度、办法等，持续提升气象灾害防御水平。

（四）气象防灾减灾是全面建成社会主义现代化强国的重要保障

据统计，1990～2019年，全球91.6%的重大自然灾害、67.6%的因灾死亡、83.7%的经济损失和92.4%的保险损失是由气象及其衍生灾害引起的。这表明，发挥气象防灾减灾第一道防线作用，对于在新发展阶段推进气象现代化强国建设具有特殊的实践意义，需要我们有效防范化解气象灾害带来的各类风险挑战，提高抵御气象灾害的能力，最大限度地减轻气象灾害带来的损失，保障社会主义现代化事业顺利推进。[①]

---

① 庄国泰：《努力筑牢气象防灾减灾第一道防线》，《求是》2021年第14期。

结 语

有关资料统计，气象灾害是自然灾害中最常见的一种灾害现象，占到自然灾害的70%以上。[①] 无论是古代、现代还是未来，气象灾害都伴随着人类社会发展的全过程。气象工作者要逐步掌握灾害性天气发生、发展的规律，做到早预警、早行动，积极进行防御，从而最大限度地减小气象灾害带来的损失，这是气象工作者的职责所在，也是气象部门应当为全面建成社会主义现代化强国构筑起的重要保障。

① 杨继国：《早预警，早行动，气象信息助力防灾减灾》，《民主与科学》2022年第2期。

国际气象史

春秋到秦汉时期气象思想与亚里士多德气象思想之内涵

杜舜华*

摘　要：本文通过阐述春秋到秦汉时期气象思想和亚里士多德气象思想的内涵，介绍了二者关于风、云、雨、雹形成的具体学说，展示二者气象思想层面的联系及区别，力图为气象思想史研究提供一定借鉴。此外，通过古今对比论证，重新整理了亚里士多德气象学中气体的剪切作用形成涡旋的思想，彰显亚里士多德气象思想的博大精深。

关键词：气象思想　亚里士多德　古代气象学　春秋到秦汉时期

亚里士多德是世界古代气象学的杰出代表，奠定了世界古代气象学发展的基础，关于其气象思想的研究主要集中在国外。学者马尔科姆·威尔逊（Malcolm Wilson）① 曾系统总结了亚里士多德气象思想的内在逻辑，指出了亚里士多德气象学对天气现象机理研究的重要意义，呼吁人们重新重视亚里士多德气象学。玛丽·路易斯·吉尔（Mary Louise Gill）② 展示了亚里士多德气象思想与哲学目的论之间的联系，指出了亚里士多德气象思想中与亚里士多德哲学“四元素说”不一致的部分。刘未沫、孙小淳《亚里士多德对流星、彗星及银河的解释》③ 一文指出亚里士多德气象思想与天文

---

* 杜舜华，南京信息工程大学文化遗产科学认知与保护校外基地。

① Malcolm Wilson, *Structure and Method in Aristotle's Meteorologica: A More Disorderly Nature*, New York: Cambridge University Press, 2013.

② Mary Louise Gill, "The Limits of Teleology in Aristotle's *Meteorology* IV. 12," *The Journal of the International Society for the History of Philosophy of Science*, Vol. 4, No. 2, 2014, pp. 335 - 350.

③ 刘未沫、孙小淳：《亚里士多德对流星、彗星及银河的解释》，《中国科技史杂志》2017 年第 3 期。

思想中冷热转换机理的具体联系。克雷格·马丁（Graig Martin）[①] 提出了亚里士多德气象思想与西方古代医学思想的相似性。杨萍的《亚里士多德与〈天象论〉》[②] 一文对亚里士多德气象学说进行了梳理，展示了亚里士多德气象理论的丰富内涵。

在春秋到秦汉时期气象思想研究方面，王鹏飞的《中国古代气象上的主要成就》[③] 一文以及马孝文、杜正乾的《中国古代降雨机制思想认识初探》[④] 一文归纳了中国古代降水思想的内涵，体现了中国古代气象思想的博大精深。

本文通过梳理中国古代春秋到秦汉时期的气象思想和西方亚里士多德气象思想中关于风和降水的基本认识，展示二者气象思想观念的区别及联系。文章通过对比论证来具体呈现亚里士多德气象学所蕴含的基本气象思想，阐述亚里士多德对气象学发展的伟大贡献。

一　春秋到秦汉时期气象思想评介

中国古代气象思想源远流长，早在商代甲骨卜辞中，有很多关于风、雨、雷等天气现象的记载和描绘。此外，古人对于云、雨、雷、电以及海市蜃楼、虹、宝光等其他大气现象都有很多的记载。探究春秋到秦汉时期人们对于风、雨、雹等基本自然现象的理解和认识，有助于我们梳理中国古代气象思想发展的基本规律。

（一）关于风的思想认识

关于风的成因，《黄帝内经》有“天有四时五行，以生长为收藏，以生寒暑燥湿风”[⑤] 的记载，这里认为风的形成是四时五行规律的结果，承认了自然规律的客观性。《山海经》所记载的“有神名曰因因乎，南方曰因乎，

---

① Craig Martin, “Francisco Vallés and the Renaissance Reinterpretation of Aristotle's *Meteorologica* IV as a Medical Text,” *Early Science and Medicine*, Vol. 7, No. 1, 2002, pp. 1 – 30.

② 杨萍：《亚里士多德与〈天象论〉》，《气象科技进展》2016 年第 3 期。

③ 王鹏飞：《中国古代气象上的主要成就》，《南京气象学院学报》1978 年第 1 期。

④ 马孝文、杜正乾：《中国古代降雨机制思想认识初探》，《兰台世界》2014 年第 23 期。

⑤ 《黄帝内经》（上），姚春鹏译注，中华书局，2010，第 55 ~ 58 页。

夸风曰乎民"[1] 则反映了"神创说"的神学迷信思想。

中国战国时期的宋玉在《风赋》中归纳了其个人对风的认识。在文中，宋玉认为"夫风生于地，起于青苹之末"[2]，并且根据风所穿过的区域，将风划分为"大王之雄风"和"庶人之雌风"两类。其学说更多在于鼓吹帝王高大且神圣的地位，有着较浓重的迷信色彩。

此外，春秋战国时期的曾子利用阴阳学说对风的形成过程进行了定性解释。他认为风具体形成于阴阳二气之"偏"，比如阴气战胜阳气或者阳气战胜阴气。若阴阳之气各行其道，则天气会趋于稳定。这种解释是中国古代朴素唯物主义的具体体现。

（二）关于降水的思想观念

春秋到秦汉时期的降水思想观念主要包括了《黄帝内经》中的相关理论、曾子与董仲舒的相关理论以及王充的相关理论。先秦时期《黄帝内经》的降水思想可简要概括为"地气上为云，天气下为雨"[3]，即云起源于地面气流的上升，而雨水是源于天上之"气"的下降，这时古人已经认识到云和近地面大气之间的联系，显示了古人敏锐的洞察力。

曾子关于降水的思想观念主要收录在西汉戴德选编的《大戴礼记》中。曾子论述道："阴阳之气，各从其所，则静矣；偏则风，俱则雷，交则电，乱则雾，和则雨；阳气胜，则散为雨露，阴气盛，则凝为霜雪；阳之专气为雹，阴之专气为霰"。[4] 这里明确提出阳气强盛就会产生雨，阴阳之气出现偏（阴气战胜阳气或阳气战胜阴气）就会产生风。曾子把阴阳矛盾运动作为天气现象的原因充满着朴素辩证法的色彩，这种观念后来为董仲舒所继承。

董仲舒认为雨由阴、阳二气在天上相互聚合而产生。[5] 在此基础上他进一步提出风使得雨滴聚合越来越强，风力大则雨大，风力小则雨水稀疏的观念。此观点曾被气象史家王鹏飞先生高度评价，王鹏飞认为这一论述类

---

① 《山海经校注》，袁珂校注，上海古籍出版社，1980，第426页。

② 陈宏天、赵福海、陈复兴主编《昭明文选译著》，吉林文史出版社，2020，第625页。

③ 《黄帝内经》（上），姚春鹏译注，中华书局，2010，第55页。

④ 《大戴礼记今注今译》，高明注译，台湾商务印书馆，1977，第208~209页。

⑤ （西汉）董仲舒：《董子文集》，中华书局，1985。

似于现代气象学中的暖云降水理论。[①] 此外，董仲舒还认为寒冷之气有高下之分。寒气在上部相对温暖、在下部更加冰冷。在风力的作用下，上部凝结的雨水在足够冷的下部可以转化为雪和霰。

在寒气有高下之分的前提下，董仲舒认为冰雹的形成是因为阴气受热冲到上面的低空，在低空的寒气中产生凝冻。他的冰雹形成的学说并不符合实际，寒气在上部相对温暖，在下部更加冰冷的观点只是一种错误的推测。

此外，汉代王充对降水现象也有独到的见解，他认为雨起源于山区并且从地面蒸发上升后形成云，云增多则会致雨。王充关于雨起源于山区的观点虽然并不正确，但他关于雨由地气而发的观点却是正确的，指出了地面的水蒸气才是雨、雪等天气现象的来源，这继承了《黄帝内经》的降水观念。

关于古人对云的认识，我们应明确中国是世界上最早对云进行分类的国家。《吕氏春秋》记载有“山云草莽，水云鱼鳞，旱云烟火，雨云水波”,[②] 把云分为四类（山云、水云、旱云、雨云），形成了世界上最早的对云进行分类的方法，这一点比同时代的亚里士多德的相关学说更加进步。除了以上思想认识外，中国古人在实践上也总结了很多看云识别天气的天气预报经验，制造出候风仪器和测湿仪器，显示了传统气象学的强大生命力。中国古代气象学虽然没有成功转型为近代气象学，但是中国古代气象思想仍然具有非常丰富的内涵，值得我们去借鉴和吸收。

二　亚里士多德气象思想评介

西方古代气象思想内容丰富多彩，主要有哲学家亚里士多德的气象思想，有阿那克萨戈拉（Anaxagoras）的气象思想，还有提奥夫拉斯图斯（Theophrastus）的气象思想。我们以亚里士多德气象学说为例，阐释西方古代主流气象思想的基本内容。亚里士多德气象学注重定性分析和讨论，先作出一定的假设，依据这些假设逐渐推理出定性结论，以此来解释大气运

① 王鹏飞：《中国古代气象上的主要成就》，《南京气象学院学报》1978 年第 1 期。

② 《吕氏春秋》（上），陆玖译注，中华书局，2011，第 377 页。

动的基本现象。

亚里士多德气象学说的主要内容有五方面。其一，大气的热力运动学说（亚里士多德认为：白天潮湿的水蒸气和烟尘由于受热而上升，被太阳“吸走”；晚上日落后，这些物质由于冷却而下降）。其二，关于雨、露、霜、雪、冰雹的生成学说（亚里士多德认为：雪是云的凝冻，霜是水蒸气的凝冻，冰雹是冷云在下方热气中的凝冻；离地球越近则云凝冻的速度越快，雨滴和雹块越大）。其三，关于风的形成学说。其四，关于雷电形成的学说。其五，对于虹、晕、幻日等大气光学现象的定性解释。笔者在下文仅对其中两点进行评论与介绍。

（一）关于冰雹成因的解释

亚里士多德认为冰雹的形成是因为冷云降落在靠近地面的热气中产生了凝冻现象。他认为夏季近地面热气容易被高处下沉的冷气所凝冻，因而在低空形成了冰雹。这种解释在现代人们看来并不正确，因为雹块在高空中形成，并非靠近地面的低空，然而被亚里士多德反对的阿那克萨戈拉的相关解释却比亚里士多德进步。

阿那克萨戈拉认为，之所以夏天容易出现冰雹，是因为夏天热量使云到达更冷的高空，产生了大量的凝冻。① 阿那克萨戈拉的解释虽不完整，但较亚里士多德的观点更符合现实，抓住了冰雹形成的热力条件。

在亚里士多德解释冰雹成因时，他提出了在水冷却前，预先加热会导致更快的冷却的观点，这种思想与后来著名的“姆潘巴效应”（Mpemba effect）类似。如今有科学家已经提出并验证了相反的效应，这一相反的效应即加热物体前预先冷却物体可以导致更快的加热。② 这在一定程度上是对古代亚里士多德科学思想的发展。

亚里士多德之所以反对阿那克萨戈拉的冰雹学说，是因为亚里士多德认为夏季的高山具有高寒的特征，但并没有出现更多的冰雹，这与阿那克萨戈拉的学说明显冲突，而他的冰雹学说可以解释这一点。他强调只有冷气降落在低平且足够热的低空才能形成雹，所以他认为阿那克萨戈拉的相

---

① 〔古希腊〕亚里士多德：《天象论宇宙论》，吴寿彭译，商务印书馆，1999，第60页。

② A. Gal, O. Raz, “Pre-cooling Strategy Allows Exponentially Faster Heating,” *Physical Review Letters*, Vol. 124, No. 6, 2020, pp. 1 – 5.

关学说不成立。但是亚里士多德的反对理由其实并不正确，据现代气象学相关研究成果①，高山比平原上更容易发生冰雹。比如说中国青藏高原地区冰雹发生频率整体要高于中东部平原区，因而亚里士多德所说的冷云落在离地球较近的热气中从而形成冰雹的观点与现实冲突。当然，我们不能过度苛求古人，亚里士多德对天气现象认真思辨的态度仍然值得我们后人学习。

（二）关于风和降水的学说

1. 降水的机制

关于降水的机制，亚里士多德认为白天太阳靠近地球的时候，会把湿润的水蒸气吸走，晚上太阳远离地球，导致水蒸气冷却形成云雨。这位大哲学家据此来解释希腊地区为什么在冬季和夜间多降水，夏季干旱。这种解释虽然并不完美，但在2000多年前还是非常具有进步意义的，已经认识到大气的冷却对于云雨的促进作用。而亚里士多德气象学中针对阿拉伯某些区域和埃塞俄比亚地区夏季多雨的现象，提出了另一种不同的降水机制。

针对埃塞俄比亚和阿拉伯某些区域夏季多雨的现象，亚里士多德认为这是因为这些地区足够热。亚里士多德进一步认为，当足够的热量遇到富含湿润散发物的下沉冷气时，冷热反应，大量的热水蒸气冷凝致雨。② 反观希腊地区夏季少雨，按亚里士多德气象学说也可以大致解释，希腊夏季相比南方低纬地区不仅缺乏足够的热量，而且缺乏湿润的散发物（水汽），所以难以兴云致雨。

亚里士多德气象学不仅仅抓住了降水产生的热量条件，而且对降水产生的水汽条件（湿润散发物）也十分重视，这是其进步之处。亚里士多德没有进一步解释埃塞俄比亚和阿拉伯干旱地区湿润散发物的具体来源，这是其欠缺的地方。

2. 关于风、雨的本源以及旱涝成因

亚里士多德认为湿润的散发物（又译为“湿嘘气”）是雨水的本源（具

---

① 孙旭映、渠永兴、王坚：《地理因子对冰雹形成的影响》，《干旱区研究》2008年第3期。

② 〔古希腊〕亚里士多德：《天象论宇宙论》，吴寿彭译，商务印书馆，1999，第62页。

有冷而湿的本性)，水蒸气就是湿润的散发物。而干燥且热的散发物（又称“干嘘气”）则是风的本源，烟尘则是干热散发物的代表。它们虽然都在太阳对地表的作用中诞生，但干燥散发物是在太阳对地面较强的加热作用下产生的，湿润散发物是在太阳对地表加热作用削弱的前提下产生的。亚里士多德因此总结出“因为嘘出物为类相异别，显然，风与雨的本质也必相异而不相同”。[①]

在上述前提下，亚里士多德进一步认为，太阳靠近或者远离一个地区的时候（从地心说观念看，太阳在夏季靠近北方地区，冬季远离北方地区)，这一地区就会出现风或者降水。具体而言，亚里士多德认为如果当太阳靠近北方地区，由于热量增加，北方的土地因加热而生成干燥的散发物（类似于烟尘)，水和雪地也会冒出水蒸气，所以北方地区出现风（即风不完全由干燥的散发物组成，水蒸气也被包含)。当太阳远离北方地区，由于冷却，北方地区就会增加湿润的散发物，从而形成降水。太阳在南北方向不断摆动（按地心说的观点，太阳在北半球夏季靠近北方，冬季靠近南方)，亚里士多德认为最大的降水和风都在南北地区生成。在风生成后，经过多股气流汇集，风就逐渐增强。

但如果风仅是热的散发物，按亚里士多德关于风的本质学说，寒冷地区应该没有大风，这显然并不合理。学者马尔科姆·威尔逊已指出：亚里士多德关于风本质是热的散发物的表述并不完整，因为这不能解释冬季寒冷地区多风的自然现象。[②] 因为冬季缺乏热量，东亚地区猛烈的冬季风在亚里士多德这里无法解释，亚里士多德关于风形成的学说仍有待完善。

关于旱涝的成因，亚里士多德认为当一个地区被干热的散发物控制时，这个地区会出现干旱和风，而一个地区被湿润的散发物控制时，这个地区会发生洪涝。

3. 静风天气出现的原因

对于静风天气出现的原因，亚里士多德认为要么是极端的寒冷压制了干热的散发物（亚里士多德称它为风的本源)，要么是极端炎热消耗掉了散发物。当然现代解释与亚里士多德的解释已经完全不同。现今人们认为出

---

① 〔古希腊〕亚里士多德：《天象论宇宙论》，吴寿彭译，商务印书馆，1999，第99页。

② Malcolm Wilson, *Structure and Method in Aristotle's Meteorologica: A More Disorderly Nature*, New York: Cambridge University Press, 2013, p. 200.

现宁静无风的天气既与地面辐射冷却或者高空气流下沉增温等所导致的空气稳定度加强有关，也可能与海陆热力差异减弱所导致的冷暖空气活动减弱有关。

4. **阴晴天气与风的关系**

针对为什么有的风能够使大量的云团聚集，而有的风则会带来晴朗这一问题，亚里士多德也给出了具体解释。亚里士多德认为之所以有的风会带来阴雨，是因为它们更冷，而冷则会使得水蒸气冷凝形成云，其他的风由于热和猛烈，所以会带来晴天。[①] 这一观点的可贵之处在于已经充分认识到冷能够使得水蒸气凝结的科学现象，缺点在于没有意识到冷和湿两种现象的本质区别，冷风所在的环境中如果十分缺乏水汽，那么仍会出现晴朗天气。根据亚里士多德所生活的环境，希腊地区濒临地中海，海洋水汽充沛，冬季遇到冷空气时更容易产生“大湖效应”，从而促进阴雨的产生，难以遇到十分缺乏水汽的情况，因此亚里士多德的这种解释在2000多年前的希腊容易被信服。

5. **定季风的成因**

亚里士多德还尝试解释了定季风（Etesian Winds）成因。关于定季风（希腊爱琴海夏至日盛行的北风）的成因，亚里士多德认为，在热量不多也不少的情况下，北方雪原就会融化并且形成水蒸气，土地就会烤干而生成烟，它们的产生使散发物增多，北风就形成了。

如今气象学家把定季风的成因更多地归于季风效应影响下的巴尔干半岛与爱琴海东南部地区气压差，并进一步验证了中东地区的低气压和巴尔干地区的高压系统对于控制定季风活动的重要性[②]，然而这两个高低压系统的形成并不由北方雪原上增加的水蒸气以及烟尘来决定，因此亚里士多德关于定季风成因的观点并不正确。

关于定季风，亚里士多德还解释了古代希腊地区夏至日白天定季风连续吹刮但晚上消停的原因。他认为具体原因是夏季热量更足，有更多的水

---

① 苗力田主编《亚里士多德全集》（第2卷），徐开来译，中国人民大学出版社，1991，第537页。

② Christina Anagnostopoulou，Prodromos Zanis，Eleni Katragkou，Ioannis Tegoulias，Konstantia Tolika，“Recent Past and Future Patterns of the Etesian Winds Based on Regional Scale Climate Model Simulations，” *Climate Dynamics*，Vol. 42，Nos. 7 - 8，2014，p. 1834.

分挥发到空气中形成了所谓湿润的散发物，有更多的烟尘由于热挥发到空气中形成干燥的散发物，散发物的增多使得风产生并且增强。而冬季夜晚因为缺乏热量，土地和水分凝冻在地面难以形成烟和汽，缺乏散发物就缺乏风形成的条件，所以他认为冬季夜晚形成的风不仅风力小，而且不连续。但他的观点只能解释特定地区的风，不能解释亚洲内陆地区猛烈且干燥的冬季风的形成。今天相关研究把定季风的昼夜变化归因于爱琴海附近地表加热的日变化、海陆间热力环流与当地众多岛屿地形的相互作用①，因此亚里士多德关于定季风日变化的相关学说已被舍弃。

6. 旋风的成因

亚里士多德对于旋风的具体成因进行了详细解答。他认为当一股风与另一股风相遇时，就像物体突然被挤到狭窄空间一样，运动物体"由于地方狭窄的阻抗或由于相反运动的阻抗，因而发生偏斜，这样风就形成了涡旋"。② 虽然这种解释从现代气象学观点来看并不十分全面，还有其他原因形成的涡旋，但风两侧由于某种原因进而产生的剪切作用，确实是风形成涡旋的一个重要因子，我们可据此推断2000多年前亚里士多德已经初步认识到剪切作用是风形成涡旋的一个原因。这一思想观念不仅与近代奥地利气象学家埃克斯纳（Exner，1876－1930）关于气流遇到摩擦障碍形成气旋的思想非常相似，而且在现代气象学对切变不稳定问题的研究中也能找到。此外，有研究把旋涡定义为"旋流体在各种运动学效应和大雷诺数动力学效应下，通过剪切层卷绕和涡量拉伸自组织成的管状结构"③，亦反映了黏性剪切作用在涡旋形成的重要地位。这些例子皆体现出亚里士多德关于剪切作用形成涡旋的思想对后人的影响。亚里士多德气象学说虽然有一些内容不符合现代气象学，但是仍然有一部分内容为后人所继承并发扬。除了上述有关涡旋形成的思想外，笛卡尔（Descartes）所建构的近代气象学也继

---

① M. Burlando, "The Synoptic-scale Surface Wind Climate Regimes of the Mediterranean Sea According to the Cluster Analysis of ERA-40 Wind Fields," *Theoretical & Applied Climatology*, Vol. 96, 2009, pp. 69－83; Vassiljki Kotroni, Kostas Lagouvardos, Dimitris Lalas, "The Effect of the Island of Crete on the Etesian Winds over the Aegean Sea," *Quarterly Journal of the Royal Meteorological Society*, Vol. 127, No. 576, 2001, pp. 1917－1937.

② 苗力田主编《亚里士多德全集》（第2卷），徐开来译，中国人民大学出版社，1991，第551～552页。

③ 吴介之、杨越：《关于旋涡定义的思考》，《空气动力学报》2020年第1期。

承了亚里士多德注重思辨和定性推理的传统。

三 春秋到秦汉气象思想与亚里士多德气象思想对比

春秋到秦汉时期中国古代气象思想和西方亚里士多德气象思想内容丰富，这些关于天气现象的定性描述在今天看来仍然值得称赞。下面，我们仅对其中关于风和降水的思想观念进行分析（见表1），来比较它们之间的区别和联系。

表1 春秋到秦汉时期先民气象思想与亚里士多德气象思想对比

类别	春秋到秦汉先民	亚里士多德
风的本质	生于地面萍草末端；神的旨意；阴阳失调	干和热的散发物（烟气），少量湿润的散发物（水汽）
雨的成因	源于地面的阴气升入高空产生云，云增多下降成雨	1. 冬季太阳“远离”北方地区导致湿散发物（水汽）冷凝成雨 2. 地面强烈加热与下沉的冷气相互作用（埃塞俄比亚和阿拉伯地区）
旋风成因		两股风相撞击而偏斜或一股风的一部分受到阻挡，另一部分继续运动（剪切）
冰雹成因	阴气受热冲到较冷的低空产生凝结（董仲舒）；阳之专气（曾子）	冷云降到低层热空气下，相互反应使得低层暖空气冷凝成雹
定季风成因		随太阳“靠近”北方，散发物增加

资料来源：笔者绘制。

（一）风的成因

关于风的成因，战国时期的宋玉认为风是从大地的草尖上产生的，曾子认为风起源于阴阳气的失调（即一方战胜另一方）。而西方的亚里士多德认为风起源于太阳作用下产生的干燥发散物（寒冷地区雪原受热产生的水蒸气也是其重要的一部分），如果要估计这些散发物数量的多少，必须考虑到产生散发物的区域以及与太阳的距离，太阳只有在合适的距离下（不能太近也不能太远）才能够产生最多的散发物。亚里士多德认为春季和夏季时，太阳离北方地区近，北方就产生了大量的干的散发物，他还认为冬季时，太阳离北方远，北方地区就产生了湿冷的散发物，形成湿冷的风。关于旋风，我们从相关论述中发现了亚里士多德已经初步认识到风的剪切作用是形成涡旋的一个原因，并做出了详细论述，这一点超出了中国古代同时期先民的认知。

（二）云和雨的认知

中国古人（以王充为代表）认为云是来自地面的“气”或者山体中的“气”，而西方的亚里士多德则认为，云来自湿润的散发物。双方的共同点是：都认为云是由地面上的物质上升后经过冷凝而形成的。不同点是亚里士多德气象学说更加强调了冬半年太阳的“远离”对降水的增强作用。另一处不同是：亚里士多德认为风停则雨就会大量降落，雨停则风来；而董仲舒认为风能够使得雨水聚合增长，风力大则雨大，风力小则雨小。

（三）关于冰雹的认知

亚里士多德认为雹是由于冷云降落到低层热空气下，使得空气大量冷凝才得以形成。而中国古人曾子认为冰雹为“阳之专气”，另一位中国古人董仲舒则认为雹是由阴气受热冲到低空的寒气中造成的。其中，董仲舒和亚里士多德二者都认为冰雹形成于低空，但二者的解释在今天看来都不正确。相对而言，古希腊哲学家阿那克萨戈拉的学说（阿那克萨戈拉认为夏季强烈的热力作用使得地面水蒸气被推到更冷的高空中得到了充分冷却）更符合雹的形成过程。

（四）对季风的认识

关于季风与定季风（特指希腊地区夏季偏北风）的成因，中国古代春秋战国以及秦汉时期的先哲并没有给出具体解释，而亚里士多德则详细地论述了定季风的成因。亚里士多德认为定季风起源于在太阳的大量光照下，北方冰雪融化产生的水蒸气以及焦灼的土地产生的烟尘组成了大量热的散发物，这些散发物增多即汇集成风。这种解释虽然在今天看来并不正确，但也是一种伟大尝试。

（五）对于气象问题的思考深度

虽然从整体来看，中国春秋到秦汉时期的气象学说和亚里士多德气象学说各有优缺点，但从亚里士多德的气象论述中，我们可看出亚里士多德古典气象学更加重视思辨，重视对细节的逻辑推理和天气现象的溯源分析。比如亚里士多德在分析降水机制时，不仅考虑到冬半年“太阳远离”，云团变冷对降水的促进作用，而且考虑到埃塞俄比亚地区夏季强烈的地面加热以及“冷热反应”对降水的促进作用，从而形成了较完备的学说。此外，亚里士多德对于旋风形成的具体机制已经体现出剪切作用对涡旋形成的重要性，这与近代奥地利气象学家埃克斯纳关于摩擦障碍形成气旋的思想非常相似。

虽然亚里士多德关于风、雨、雹等天气现象的思想有不符合现代气象学的内容，但在当时认知水平下，该气象思想已经达到了较高水准。相对而言，中国古代春秋到战国时期的先民对气象问题的论述相对宏观。比如关于风形成的具体机制，战国时期的宋玉认为风在大地萍草尖上生成，但没有阐释其生成的具体机制。战国时期的先民关于云的分类属于世界最早，亦缺乏对其成因的阐释，这是其中的不足之处。

结　语

亚里士多德气象学是西方古代气象学最重要的代表，其所蕴含的气象思想与中国春秋到秦汉时期的气象思想都是古人经过长期观察得来的经验，都有和现代科学一致或相反的结论。亚里士多德气象思想更加注重对气象问题的具体思辨，对气象问题的研究更加重视逻辑层面的推理。亚里士多德关于风和降水形成原因的具体论述与思辨过程是其强大的思辨能力的重要表现，而中国古代同时期的气象思想更重视对天气现象的宏观解释，对细节的思辨略有欠缺，比如在关于风和云的具体成因方面。

通过整理2000多年前亚里士多德关于风、云、降水的学说，我们发现其不仅显示了逻辑的严密性，而且从中可见其所蕴含的气体的剪切作用形成旋风的思想和近现代气象学思想的相似性，彰显了亚里士多德气象学所蕴含的“在物体冷却前，预先加热会导致更快的冷却”这一思想对现代科学发展的重要性，展现出亚里士多德思想的博大精深。

中国未参加 1955 年世界气象组织亚洲区域协会会议始末

孙 楠 刘皓波 徐 晨 叶梦姝*

摘 要： 世界气象组织是联合国的专门机构，其亚洲区域协会是世界气象组织所属地区性组织，1955 年 2 月，亚洲区域协会第一届会议召开，同年 4 月世界气象组织召开第二届世界气象大会。中华人民共和国已经成立，而这两个大会我国代表参会申请均未获批准，蒋介石集团代表则以观察员身份参加亚洲区域协会会议，以世界气象组织成员身份参与世界气象大会。当年 4 月，外交部部长周恩来致电世界气象组织代理秘书长斯渥波达，向世界气象组织抗议。通过档案梳理，本文还原我国为这两次大会参会权斗争的具体过程，分析了新中国成立初期气象外交原则与策略。新中国成立初期我国受制于西方敌对势力"两个中国"阴谋，在国际舞台上走过一段曲折坎坷之路，但坚持独立自主的原则和开放合作的态度，最终站上世界舞台。

关键词： 世界气象组织 亚洲区域协会 气象外交

前 言

1950 年 9 月，在美国的操纵下，第五届联合国大会否决了恢复中华人民共和国在联合国合法权利的提案，决定由大会组成七人特别委员会，审议中国代表权问题，在未作出决议以前仍允许"中华民国"的代表占据联合国席位。这使我国外交处于被动和艰难的局面。

---

* 孙楠，中国气象局；刘皓波，上海市气象科技服务中心，中国气象保险实验室；徐晨，上海市气象局科普与教育中心；叶梦姝，中国气象局气象干部培训学院。

1955年1月24日，美国第34任总统艾森豪威尔在题为《正在台湾海峡发展的局势》的特别咨文中，提出由联合国进行“停火”的诡计，阴险地埋下“两个中国”法律上和政治上的伏笔。其目的就是要把台湾永久变成它的“保护国”，以达到侵占台湾合法化，造成对中国腹地的威胁，维持和制造台海紧张局势。可以说，1955年之前中美交锋主要在军事领域，之后则逐渐转变到谈判桌上来了。因此，周恩来总理深刻地指出在任何国际组织、国际会议和国际活动中造成“两个中国”的局面，都是我们绝对不能容许的。[①]

在这种外交背景下，从1951年底到1955年，我国在处理是否参加世界气象组织（WMO）亚洲区域协会会议、第二届世界气象大会，以何种身份参与，以及在该机构中的权利问题时，进行了多方政治考量。此前这段历史鲜有详细研究，多停留在周恩来和时任中央军委气象局（后为中央气象局）局长涂长望提出的声明和抗议上，并未研究其背后的政治考量和抗争经过。

一　气象外交背景

1947年，国民政府委派中央气象局局长吕炯等人出席了在美国华盛顿召开的国际气象组织（WMO前身）气象局长会议，并签署了《WMO公约》，中国成为WMO的创始国和公约签字国之一。1950年3月23日，《WMO公约》正式生效。1951年联合国大会正式批准成立WMO，在巴黎举办第一届世界气象大会。中华人民共和国政府未能参加，蒋介石集团派郑子政[②]、陈雄飞[③]等代表前往参加。

1950年5月12日，中华人民共和国政务院总理周恩来曾以外交部部长的名义，致电WMO代理秘书长斯渥波达（又译斯沃波达）及联合国秘书长赖伊，说明中华人民共和国中央人民政府是中国唯一合法政府，而蒋介石政府已完全没有资格代表中国。[④] 按照国际惯例，1949年中华人民共和国成

① 冯宾符：《坚决粉碎“两个中国”的阴谋》，《世界知识》1958年第5期。

② 郑子政在中华人民共和国成立前任中央气象局上海总站站长。

③ 陈雄飞后来官至台湾外事部门常务次长。

④ 骆继宾：《我国在世界气象组织中合法席位恢复的经过》，《中国气象报》1992年2月24日，第3版。

立，中国在WMO的代表权自然应属于中华人民共和国政府，但由于美国等国家的阻挠，新中国在WMO的合法席位和在联合国的合法席位一样，被蒋介石集团窃据。

在这样的外交背景下，亚洲区域协会主席于1951年12月、1952年7月两次来函，询问新中国对召开该区域协会会议时间和议程等问题的意见。新中国外交部研究认为，“尽管WMO对新中国代表权问题未解决，但如确认亚洲区域协会没有国民党集团代表，我们理应参会”。

二　我方亚洲区域协会参会方案和政治考量

第一届亚洲区域协会会议定在1955年2月于印度新德里召开，但该组织并没有邀请新中国的气象部门参加。新中国成立初期，英美等帝国主义国家千方百计阻挠我方出席各种国际会议，企图孤立新中国，对抗以苏联为首的社会主义集团。因此，新中国参加亚洲区域协会也受到各方制约，背后隐藏着很多政治考量。

亚洲区域协会会员可以参加协会会议，非会员可以观察员身份参加会议。申请加入亚洲区域协会在手续上应先批准《WMO公约》，成为WMO成员国，并且按照当时公约规定，批准公约时，须将批准书交存美国政府。

当时，有两种声音，苏联方面认为，1950年《WMO公约》生效，之前中国就是签字国和创始国。此时新中国已经成立，能够代表中国的是中华人民共和国政府，而非蒋介石集团。苏方提出，批准公约完成加入该组织的法律手续，有助于苏联为我方代表权进行法理斗争。但在深知国际形势复杂的情况下，苏方称“此种看法仅供参考”。[①] 而我方研究后认为，WMO是联合国专门机构，美国是不会轻易放手的，即使我方法律手续完备，美国仍可进行阻挠，蒋介石集团不可能被驱逐出去。在此情况下，批准公约成为WMO会员国，这一举动在政治上可能被附会成为我方默许“两个中国”并存。面对美英集团蓄意搞“两个中国”阴谋的背景，我方在政治上会陷入不利局面。

---

① 《驻印度大使馆致外交部：苏联气象代表团邀裴谈话情形》，1955年2月19日，北京：中国气象局档案馆，67－007－1995－Y－021。

另外，即便WMO承认中华人民共和国政府批准公约，若想成为亚洲区域协会会员，也需要在协会会议前90天内提交申请书，如果有一个会员对申请书提出反对，则提交下届大会做最终决定。当时亚洲区域协会会员有七个，苏联、印度、缅甸、巴基斯坦、泰国、伊拉克、香港，日本及锡兰（斯里兰卡）当时正在申请入会。而这之中，泰国一定反对，因此以会员身份参加亚洲区域协会会议的可能性很小。

最终的解决方案是，我方分别致电WMO和亚洲区域协会，要求驱逐WMO中蒋介石集团代表，并要求参加亚洲区域协会，而不提批准公约的问题。

三　具体抗议过程

（一）正式提出参会申请

1955年1月26日，外交部决定以涂长望局长的名义，给世界气象组织和亚洲区域协会主席巴苏发电报，提出中华人民共和国将派代表正式参加会议。涂长望表示，亚洲区域协会曾拒绝了蒋介石国民党代表的参加，这一行动反映了亚洲各国意愿，是完全正当的，WMO应该立即将蒋介石国民党代表驱逐出去，以便中华人民共和国气象机构的代表参加。[①] 在正式提出申请的前两天，我方通过给驻印度大使发电，向苏方传达了一些有利于争取权利的信息：1947年代表旧中国在WMO公约上签字的吕炯和卢鋈两人，现均在北京工作。[②] 当时，我国外交官员裴默农正在印度访问，他了解到巴苏已经收到涂长望的电报，并将电文内容告知印度政府，虽然巴苏表示支持中华人民共和国政府，但他作为印度气象局局长不便就此问题答复，因为一切组织工作均由WMO办理。[③]

可惜的是，我方申请并未被采纳。1月29日，WMO代理秘书长斯渥波

---

① 《中央气象局局长涂长望致世界气象组织亚洲区域协会主席巴苏先生的信并转世界气象组织亚洲区域协会第一届会议》，1995年1月26日，北京：中国气象局档案馆，67-007-1995-Y-021。

② 《中国气象局发驻印使馆：关于亚洲区域协会会议事》，1955年1月24日，北京：中国气象局档案馆，67-007-1995-Y-021。

③ 《驻印度大使馆致外交部：涂长望局长致世界气象组织秘书长电事》，1955年1月28日，北京：中国气象局档案馆，67-007-1995-Y-021。

达先生给涂长望的回信称“不能接受你们参加世界气象组织及其附属机构的单方面的决定”。[①]

（二）与印度等第三世界国家斡旋

通过驻印度大使馆，我方多次抗议印方向蒋介石集团发签证一事，但最终无功而返。

虽然时任印度总理尼赫鲁强调“我们完全不承认他们（蒋介石集团）代表中国”[②]，但他表示，根据联合国宪章及联合国惯例，凡这类组织在某会员地开会，则该会员有义务给予一切方便，包括与会代表入境签证。据此，印度已嘱某地英领事馆给予蒋介石集团代表入境签证。

最终，蒋介石集团代表获得英国代发的签证，亚洲区域协会允许他们以观察员身份参会。1月31日，驻印度大使馆来函称：印政府举行招待会，因印政府仅承认中华人民共和国代表能代表中国，蒋介石集团代表仅能以个人名义出席。[③]

尽管印度在台湾问题上始终支持中国，反对美国干涉，但新中国成立初期它始终在中美之间寻求平衡，起到调停和斡旋作用。对于印方给蒋介石集团代表入境签证的问题，我国外交部给驻印大使馆发电表示，印方一再明确表示态度，如继续就此问题向印方交涉，估计作用不大，反而会陷入被动。因此无法再继续施压，只能在适当时机和场合表示遗憾。[④]

（三）涂长望致电抗议

亚洲区域协会会议于2月2日至14日在新德里召开。最终，我方未能参会，蒋介石集团的代表郑子政和陈雄飞以观察员身份参加了会议。

在2月2日的资格审查委员会会议上，香港代表（英人）支持蒋介石

---

① 《世界气象组织代理秘书长斯沃波达先生给中央气象局局长涂长望的回信》，1955年1月29日，北京：中国气象局档案馆，67-007-1995-Y-021。

② 《驻印度大使馆致外交部：关于印发给蒋匪参加气象会议签证事》，1955年1月31日，北京：中国气象局档案馆，67-007-1995-Y-021。

③ 《驻印度大使馆致外交部：关于台湾代表来印参加气象会议事》，1955年2月1日，北京：中国气象局档案馆，67-007-1995-Y-021。

④ 《外交部复驻印度大使馆：世界气象组织复我电及印发给蒋贼代表签证事》，1955年2月2日，北京：中国气象局档案馆，67-007-1995-Y-021。

集团观察员，泰国代表附和，投票结果泰国、伊拉克、巴基斯坦、日本赞成香港意见，仅苏、印代表反对。而原定于4日召开的关于中国参加亚洲区域协会成为会员的讨论大会被延期了，因为印方表示，没有收到以中华人民共和国政府名义发出的参加协会申请书，以此推脱不邀请我国参加会议的责任。为此，苏联代表团建议我方加急提交申请书。①

此时，我国一方面考虑到批准 WMO 公约加入亚洲区域协会在程序上会陷入政治被动，另一方面考虑蒋介石集团代表已经抵达新德里，更不能在此时提交申请书，而要发表抗议书。

2月6日，涂长望给斯渥波达致电抗议，称 WMO“竟容许为中国人民所唾弃了的蒋介石国民党的‘代表’出席世界气象组织亚洲区域协会第一届会议，而拒不接受中华人民共和国的代表参加上述会议，这种做法是完全非法的、不公正的。对此，我奉中华人民共和国政府之命提出严重抗议……我们要求世界气象组织和亚洲区域协会立即将蒋介石国民党的‘代表’驱逐出去，以便接受中华人民共和国代表参加”。② 该抗议致电还由新华社进行了发布，我方在报纸上刊载了《世界气象组织拒不接受我国代表参加该组织亚洲区域协会会议，我中央气象局局长涂长望提出严重抗议》的文章。

在我方抗议和苏方现场努力下，大会迫于压力没有讨论“蒋介石集团申请参加亚区协会为会员国的提案”。

（四）周恩来致信抗议

亚洲区域协会会议结束后，苏联气象代表团邀请与裴默农座谈，提出如果在1955年4月14日第二届世界气象大会前，我政府批准 WMO 公约，将有助于苏联代表团进行法理斗争。③ 4月，我国驻瑞士大使馆和第二届世界气象大会苏联代表团取得联系，苏联再次提及希望我政府批准公约。④ 但

---

① 《驻印度大使馆致外交部：关于亚洲区域协会中国参加问题》，1955年2月5日，北京：中国气象局档案馆，67－007－1995－Y－021。

② 《中央气象局局长涂长望致世界气象组织代理秘书长斯沃波达先生的信》，1955年2月6日，北京：中国气象局档案馆，67－007－1995－Y－021。

③ 《驻印度大使馆致外交部：苏联气象代表团邀裴谈话情形》，1955年2月19日，北京：中国气象局档案馆，67－007－1995－Y－021。

④ 《驻瑞士大使馆致外交部：请速示我对气象组织的态度》，1955年4月12日，北京：中国气象局档案馆，67－007－1995－Y－021。

我方始终认为，批准公约有可能会陷入帝国主义“两个中国”的圈套，只有在驱逐蒋介石集团代表，取消其会员非法资格的前提下，才能批准公约。

4月12日，周恩来致电斯渥波达，并转第二届世界气象大会主席。他说：“世界气象组织迄今竟然非法承认蒋介石集团对世界气象组织公约的所谓‘批准’，并容纳蒋介石卖国集团非法窃据代表中国的地位，以至中华人民共和国在世界气象组织中的合法地位和权利无法恢复。对此，我代表中华人民共和国政府提出抗议……第二届世界气象大会必须将蒋介石卖国集团的代表从世界气象组织的一切机构和会议中驱逐出去，以便中华人民共和国的代表参加。”①

第二届世界气象大会，我国代表依然未能参加。但这份抗议被分发给各国代表团，苏方也四次发言要求驱逐蒋介石集团代表。在资格审查委员会上，苏联提出有关驱逐蒋介石非法代表的提议，以7票反对3票赞成而被否决。后在会上对苏联的提案再度秘密投票，结果为12票赞成对41票反对，4票弃权，苏联提案再被否决。②

结　语

（一）政治斗法的胜利

尽管我们未能参加这两次会议，但也在政治上取得了一定的胜利。WMO是联合国的专门机构，原则上，我们可以在联合国代表权未解决前参加专门机构，但联合国在美国的操控下，提出专门机构对代表权问题的决定要涉及联合国大会所采取的态度，这就导致我方参与专门机构的可能性极小。当时也有其他专门机构出现过强行投票剥夺我方代表权的情况，所以即便法律手段完备，加入后也容易陷入美英“两个中国”阴谋。因此我们的主要斗争方针是，坚决反对“两个中国”的立场，并配合苏联进行斗争，在驱逐蒋介石集团代表之前，不进入WMO。从第二届世界气象大会结

① 周恩来：《外交部部长周恩来为抗议世界气象组织容纳蒋介石卖国集团非法窃据代表中国的地位致世界气象组织代理秘书长斯渥波达的电文》，中华人民共和国国务院公报，1955（5）。

② 《关于世界气象组织会议讨论我代表权问题：据苏联代表团长查鲁土金谈》，1955年4月26日，北京：中国气象局档案馆，67-007-1995-Y-021。

果看，美英等敌对国家并没有以我国未完成申请加入亚洲区域协会会员法律手续为借口拒绝我国参加，而是强调批准公约一事，证明我国所采取的方针和做法是正确的。

（二）新中国成立初期气象外交原则与策略

在国际舞台一个中国原则的把握。WMO 虽为技术上合作较好的国际组织，中国气象也有一定的发展基础，但在这段时间受限于国际形势及国家外交政策的调整，气象外交严格把握一个中国原则，不在任何国际组织、国际会议和国际活动中造成“两个中国”的局面。1955 年的 WMO 亚洲区域协会会议不是个例，1957 年我国未参加国际地球物理年的活动，当时中国科学院副院长竺可桢积极准备，对国际科技合作抱有极高期望，1957 年 2 月 19 日《人民日报》刊登了大半个版关于国际地球物理年的组织和国际合作，但“台湾当局”得到美国授意，临时申请参加。6 月 30 日《人民日报》头版刊发《竺可桢电国际地球物理年专门委员会 抗议它屈从制造“两个中国”的阴谋》。

与苏合作过程中独立自主外交原则的坚守。1952 年时苏联曾口头表示如果我方不能参加亚洲区域协会，他们也不参加，但后来苏联的态度略有转变，在参加会议的同时不断提及让我方完善法律程序，加入《WMO 公约》，以利于其进行“政治斗法”。这与 20 世纪 50 年代中期以来，苏联逐渐推行霸权主义政策，企图把中国纳入与美国争霸轨道，控制中国的内政外交的转变，不无关系。而我国气象外交在这种情况下坚持独立自主，在配合苏联的同时，没有被动接受。

政治斗争中持开放合作的态度。在严酷斗争和抗议活动中，气象部门在技术层面，为参加会议做足了准备。如得知 WMO 亚洲区域协会会议要求加尔各答（印度）、卡拉奇（巴基斯坦）、东京（日本）三地建立水银气压表比较中心，我国气象部门建议也需要在北京建一处，装置绝对标准水银气压表，以供各国比较。针对会议提出的各区应组织广播中心和分区广播中心，我国气象部门提出，苏联偏北，印度偏南，我国作为一个大国且位置适当，应担负起此项任务。事实上，当时我们国内已有此项业务，只要加大现有发报机的电力即可。另外还就海洋预报和传播天气报告区域分割等问题进行了思考，并拟取得交通部同意，组织广州、上海海岸电台担负此工作。[①]

另外，气象外交也在努力寻找突破口，比如：1955年在莫斯科召开苏联、东欧九国水文气象局长和邮电部代表会议，涂长望出访欧洲，应苏联水文气象总局的邀请，率局办公室主任罗漠和翻译，以观察员身份参加；1956年，越南、中国、朝鲜、蒙古国、苏联五国水文气象局局长和邮电部代表会议于北京召开，涂长望任会议主席；1957年至1961年，开辟了中蒙、中苏、中朝等国际有线电传线路，实现了气象资料的交换共享。即便在政治环境复杂和被动的局面下，我国仍然持积极参与国际合作的态度，这也使我国气象外交无论面对何种困境，都能在重返世界舞台时抓住机遇。

（三）对当代气象外交工作的启示

行业发展与新中国外交密不可分。行业发展受国际外交形势、我国外交政策变化的影响。民国时期，我国在气象国际交流方面做过一些探索，但因列强环伺、军阀混战，尤其是抗日战争严重干扰气象发展，我国气象事业在国际舞台上处于被动。比如：1929年，我国中央研究院气象研究所未能参加第七届国际气象台台长会议（丹麦哥本哈根）；1930年，在中国首次全国气象会议即将召开之际，蔡元培针对法国人把持徐家汇观象台的侵权行为，严正致函国民政府交通部，要求予以取缔，但未能收回徐家汇观象台。新中国成立后气象国际合作仍然处于被动和艰难境地，从1955年起，在以后的历次世界气象大会中，都有友好国家的代表团要求恢复我国在该组织中的合法席位，并拒绝承认"台湾当局"代表的合法性，然而这一问题却长期没有得到解决，一直持续到70年代中美关系缓和，国际外交舞台发生巨变。1971年10月，第26届联合国大会通过决议，恢复中华人民共和国在联合国的一切合法权利。到1972年2月，WMO以通信投票的方式通过决议，恢复我国在该组织的合法席位，承认中华人民共和国的代表为该组织的唯一合法代表。时任中央气象局副局长张乃召率团立刻访问WMO。可以说，气象部门是新中国参与联合国专门机构活动的首批部门之一。到

① 《关于参加亚洲区域协会会议的几个问题》，1955年2月5日，北京：中国气象局档案馆，67-007-1995-Y-021。

20 世纪八九十年代，冷战影响并未结束，中国气象事业发展也受到波及，比如在巴黎统筹委员会的控制下，美国不愿意向中国出口用于气象数值模式运算的巨型机，中国为此进行了为期 9 年的艰苦谈判才取得突破。

气象外交把握原则及策略启示。党的十九大报告提出，新时代中国特色大国外交是要推动构建新型国际关系、推动构建人类命运共同体，向世界宣示了中国愿与各国共同努力的大方向。我国正在积极参与多边事务和全球治理。在新时代推进气象工作“五个全球”① 的要求下，中国气象外交应该积极融入国家外交大政方针。当前，气象部门已经成为 WMO、政府间气候变化专门委员会、台风委员会的国内牵头单位；通过承担世界气象中心、全球信息系统中心、区域气候中心、区域培训中心等 20 多个 WMO 全球或区域中心，以及共享风云气象卫星数据、组织多国别考察和教育培训、开展对外气象援助等，与 WMO 和发展中国家开展气象合作。另外，与美国、英国、俄罗斯、韩国、蒙古国、朝鲜、越南、印度尼西亚等 20 多个国家的气象部门以及欧洲中期天气预报中心、欧洲气象卫星开发组织签署了双边气象合作。2017 年 5 月，《中国气象局与世界气象组织关于推进区域气象合作和共建“一带一路”的意向书》签署，并纳入“一带一路”国际合作高峰论坛的成果。通过 70 余年来的不懈努力，在世界气象舞台上，树立起独立自主的“中国气象”形象，贡献中国智慧，展现大国担当。气象外交更要进一步提升我国作为大国参与国际治理的能力和国际影响力，不断开创中国特色气象国际合作工作新局面，为实现气象强国营造更好的外部环境。②

---

① 《全面推进气象现代化行动计划（2018—2020 年）》，中国气象局。

② 周恒：《开创中国特色气象国际合作工作新局面》，《中国气象报》2017 年 12 月 8 日，第 1 版。

气象教育史

气象培训体系中气象科技史研究回溯与展望*

陈正洪**

摘　要：本文对近些年气象科技史在气象培训体系中的发展进行了回溯，介绍了这门学科取得阶段性发展的几个方面。基于已有研究成果，提出气象科技史研究的若干进路，分析了目前气象科技史研究存在的问题，提出未来促进气象科技创新和加快气象科技史发展的若干研究领域和趋势。

关键词：气象科技史　建制化　气象培训　气象史

引　言

为更好地促进气象教育和培训，中国气象局气象干部培训学院的前身——中国气象局培训中心在2009年前后开展气象科技史研究和业务工作，至今已逾10年。总结过去，创业艰辛；展望未来，充满信心。在习近平总书记多次指示历史工作重要性，并在全国各部门学习“四史”的背景下，回溯并展望气象史（文中气象科技史、气象科学史、气象学史、气象史等都表示相同含义）工作具有重要意义。①

一　气象科技史学科发展的探索与进展

学界公认科学史一般是需要多年长期积累的学科。气象培训体系中的

* 本文受中国气象局创新专项“气象科技文化遗产理论与关键技术研究”（项目编号：CXFZ2022J075），中国科协老科学家采集工程（项目编号：CJGC2019－F－Z－CXY02）；中国气象局气象干部培训学院教材建设项目“新中国气象史培训讲义”（气干院函〔2021〕6号）资助。

** 陈正洪，哲学博士，中国气象局气象干部培训学院教授级高工。

① 朱文通：《关于加强“四史”学习的思考》，《中共石家庄市委党校学报》2021年第1期。

气象科技史团队在中国气象局和各方面帮助下，筚路蓝缕、不忘初心，在较短的时间内建立并阶段性发展了气象科技史学科。

（一）文献收录“气象科技史”数据分析

一门学科是否成立、如何发展，从文献数据库的收录来看是较好的直观方法之一。在各种文献数据库中，笔者选择中国知网进行概要分析，通过主题检索和篇名检索进行对标。主题检索方面，以“气象科技史”为主题检索，从 1915 年至 2009 年 7 月共收录气象科技史论文 1 篇。在 2009 年之后，时任中国气象局党组副书记、副局长许小峰研究员直接推动指导了这项工作，在气象培训体系中开始探索并建立气象科技史学科。检索时间为 2009 年 8 月至 2020 年 12 月底，中国知网收录气象科技史方面的论文 32 篇（已经剔除不相关论文），其中在气象培训体系中产出的气象科技史类文章 16 篇，2009 年之后的这两个数据相比 2009 年之前已经增长了很多倍。

篇名检索方面，以“气象科技史”为篇名检索，1915 年至 2009 年 7 月中国知网共收录气象科技史论文 1 篇；2009 年 8 月至 2020 年 12 月底，中国知网收录气象科技史 18 篇，其中在气象培训体系中产生的论文 15 篇，2009 年之后的这两个数据相比 2009 年之前同样已经增长了很多倍。用其他论文数据库检索，会得出类似的结论。这从一个侧面说明，在气象培训体系中开展的气象科技史已经成为一门学科，并对全国高校和科研机构有较为明显的带动作用。

（二）学科建制化的发展历程

建制和建制化发展是一门学科是否成熟的重要标志之一。科学史各个二级学科在中国的建制化总体看经历了较长的探索与实践。[①] 比如水利部门在 1936 年有学者从事水利史研究，1956 年成立“水利史研究所”，其间有 20 年。[②] 内蒙古师范大学 1953 年开始数学史研究，1983 年设立内蒙古师范大学科学史研究所，其间有 30 年。[③] 内蒙古师大科学史现已发展成为每年

---

① 孙小淳：《中国的科技史研究：写在中国科学技术史学会成立 40 周年之际》，《中国科技史杂志》2020 年第 3 期。

② 汤彬如、赵粤民：《李迪先生的学术道路》，《南昌教育学院学报》2010 年第 6 期。

③ 郭世荣、宋芝业：《李迪先生的大科学史观》，《自然科学史研究》2017 年第 2 期。

投入1300余万元的重点学科。国内其他科学史二级学科建制化大多亦是如此。

国际上科学史的成熟也伴随建制化的过程。从现代科学史奠基人乔治·萨顿（George Sarton，1884 – 1956）1916年在哈佛大学开设科学史课程，到1966年哈佛大学设立科学史系[①]，其间有50年。为纪念他对世界科学史事业的杰出贡献，科学史学会设立“萨顿奖章”，其地位与大气科学的“罗斯贝奖章”相当。

在气象领域，竺可桢先生在20世纪上半叶就倡导并亲自推进气象学史的研究，在气象培训体系中，北京气象学院（20世纪80年代前后）也有少数老师零星地从事气象史的研究。有计划、有队伍、有制度地系统研究气象科学历史，主要从21世纪第一个十年的末期开始，第二个十年开始了真正意义的建制化探索。

在经历多年探索后，中国气象局气象干部培训学院在2019年底设立了气象史的实体机构：气象科技史研究室；2021年更进一步在三定方案中，在中国气象局气象干部培训学院的中国气象局图书馆加挂“气象科技史研究中心”牌子。[②] 气象培训体系中近10年的建制化探索因此大体可以划分出“研究团队—气象科技史委员会—气象史研究机构”这样三个阶段。研究实体的设立是气象科技史学科建制化的主要标志，对这门学科未来发展和气象培训体系的内涵提升，都有长远的重要意义。

（三）社会影响从气象培训体系向外扩展

气象科学史最初影响主要是在气象培训体系以内。从2010年开始在中国气象局直属系统开展研讨活动，第一届气象科技史研究学术研讨会于2013年在中国气象局气象干部培训学院召开了。值得指出的是，第一届会议就注重了社会影响从气象培训体系向外扩展，不仅有气象部门学者，包括4位院士，还有高校的学者，并开始注重国际化的探索。之后形成两年一届的系列气象科技史研究学术研讨会，2015年第二届气象科技史研究学术

---

① 袁江洋：《科学史制度化进程的反思：写于*ISIS*创刊100周年之际》，《科学文化评论》2013年第5期。

② 中国气象局：《中国气象局气象干部培训学院职能配置、内设机构和人员编制规定》，气发〔2021〕138号，2021。

研讨会，到会 140 多人，并有 4 位院士、3 位国际气象史组织的主席参加。第三届在 2017 年召开，到会 130 多人，4 位院士参加，其中罗斯贝奖获得者蒂姆·帕尔默（Tim Palmer）通过远程网络进行了数值预报历史研究报告。① 这次会议不仅有国内外学者参加，还为研究生搭建了青年论坛，并且出版了第三届研讨会论文集。此时，该会议社会影响已经从培训体系内部扩展到气象部门外，并且具有一定全国性的影响力。

2019 年举办了第四届会议，到会 140 多人，不仅有气象部门内外（包括 4 位院士）、国内外学者参加，还有与气象史相近学科（物理史、社会史、海洋史等）的学者参加，会上发布了正式出版的第三届研讨会的论文集。值得指出的是，每次会议文集（未出版前的自制纸质文集）都被中国科学技术信息研究所主动收录并颁发收录证书（见图 1）。

收录证书

中国气象局气象干部培训学院：

贵单位于 2015 年 12 月在 北京 召开的 第二届气象科技史研究学术研讨会 论文集被《中国学术会议论文数据库》收录。

特颁此证

编号：N2015022

中国科学技术信息研究所

2016 年 1 月

图 1 中国科学技术信息研究所收录第二届气象科技史研究学术研讨会文集证书

第四届会议还进行了青年气象科技史论文报告评审活动，社会影响较好。会议（包括以前历届会议）不仅被国内主流媒体广泛报道，而且在国际气象

① 许小峰、高学浩、王志强主编《气象科学技术历史与文明——第三届全国气象科技史学术研讨会论文集》，气象出版社，2019，第 13 ~ 19 页。

史学会的官网上有全篇的英文报道，表明社会影响已经初步跨出了国门。

第五届会议于2021年12月7~8日在北京举办，为进一步践行习近平总书记关于“四史”重要论述和中国气象局党组关于党史学习教育，本届大会主题为“建党百年与气象科技发展史”，考虑到新冠疫情，采用“线上+线下”相结合的会议模式，70多家单位代表共800人次参加了会议。世界气象组织助理秘书长张文建、中国工程院李泽椿院士、中科院自然科学史研究所前所长张柏春做了大会特邀报告。

系列会议得到国内科学史界和国际气象史界的肯定，国际气象史学会第三任主席弗拉迪米尔·扬科维奇（Vladimir Jankovic）等都多次对气象科学史学术活动公开表扬。[①] 气象科技史团队学者从2017年起担任国际气象史委员会中华区域代表，并在2022年当选副主席。全国逐渐形成两三百人的气象史学者和爱好者群体。

气象科技史团队在气象部门多位院士、有关职能司和干部学院的支持下，对气象科技史研究领域中的多个问题进行探索，形成阶段成果。截至2021年共出版专著6部，发表学术论文100多篇，其中SCI/SSCI、核心论文30~40篇。10多家中央主流媒体（包括央视、纸媒体、融媒体等）报道转载量达数千万次。

此外，培训体系中气象科技史学科不断发展，策划举办气象科技史研修班、气象科技史展陈（筹办中）、出版《气象史研究》集刊、撰写气象史教材、培养气象史人才和研究生、扩展气象史研究团队、开展气象科技文化遗产和气象哲学研究等，使得气象科技史学科在较短时间内获得相对较快较大的发展。诚然作为一级学科科学史的二级学科，气象科技史学科有了阶段性的发展，但相比国内其他成熟的科学史二级学科，还有很长的路要走。竺可桢先生提倡科学史，并在新中国成立后，促进成立中科院自然科学史研究所[②]，并亲自倡导气象学史研究。继承竺可桢先生和老一辈院士的学术传统，发扬和兴旺气象学史，从而服务气象事业，这是一个崇高的使命。

---

① 许小峰、高学浩、王志强主编《气象科学技术历史与文明——第三届全国气象科技史学术研讨会论文集》，气象出版社，2019，第13~19页。

② 郭金海：《竺可桢与新中国的科学史研究事业——基于档案和日记的新考察》，《广西民族大学学报》（自然科学版）2013年第2期。

二 气象科技史研究的若干进路

培训体系中发展起来的气象科技史研究，不仅需要服务气象培训，也面向气象科学研究，不仅要有具体历史史实的鉴别分析，也要面向科学创新的理念反思。12年的建制化探索，笔者从不同角度提出了对气象科技史研究及科技创新的若干思路。

（一）对揭示大气科学“准确定性”的思考

气象科技史研究表明，总体来讲，大气科学不同于物理、化学等自然学科，物理、化学是研究大自然确定性事件和现象的精确性、确定性的自然学科。然而，大气科学是研究非确定性现象的半确定或者说准确定性学科，将来它的确定性成分也许会越来越高，但是可能永远不会达到100%的确定性，这是大气科学和其他自然科学、工程科学最大的区别，认识到这一点就会对大气科学的本质有更好的理解。这说明大气科学的内在体系和外在环境都会随着时空变化而发生巨大变化，外在条件对其影响巨大，甚至是颠覆性的。

人类发展至今，对大自然的认识已经相当深入，但还是无法精确地知道所有气象要素在所有时刻的变化规律，特别是随着时空尺度延伸难度更大。微观世界存在“测不准原理”①，也许宏观气象领域也存在一个“报不准原理”。认识到大气的不确定性和气象科学的准确性本质，有助于更好地理解当代大气科学发展。大气科学注定是与物理、化学等不一样的发展和创新模式，这是从科学史视角来看非常清楚的一个观点。

（二）对气象科学规律全球性和区域性集合视角的认识

气象科技史研究表明，气象科学发展从局地认识走向全球认识、从局地业务走向全球业务、从探索局地规律走向揭示全球规律。为什么大气科学会存在全球性和区域性规律集合？概要来讲，大气科学因为研究对象是

---

① Pasquale Bosso, Saurya Das, Vasil Todorinov, “Quantum Field Theory with the Generalized Uncertainty Principle II: Quantum Electrodynamics,” *Annals of Physics*, Vol. 424, 2021, pp. 1 – 14.

地球表面的全球范围内流动的气层，所以大气科学的基本理论对应着全球性的理论，如大气长波理论反映了地球近地面大气层的一般规律。①

然而，与物理、化学等自然科学有所不同，大气科学研究的对象与局地下垫面和区域人群反应息息相关。这就是说现代大气科学理论体系由全球性基本理论框架和区域性大气理论组成。可以用如下公式表示②：Σ现代大气科学理论体系 = Σ全球性基本理论框架 + Σ区域性大气理论，这个公式揭示出大气科学创新的两个不同路径，从全球性规律和区域性规律方面都可以做出世界级研究成果。从新中国成立以来中国大气科学发展历程来看，在青藏高原气象学、中国暴雨、南海季风等领域③，我们已提炼出区域性大气理论和规律，做出世界水平的成果，也从整体上促进了全球性基本理论框架的发展。④

基于气象科学历史研究，可以看到世界气象科技发展和中国气象科技发展存在主要差别和不同的发展路径，其内在逻辑也不完全一样。这种差异并不是所有自然学科都具备的状况。总体来讲，世界气象科技发展呈现全球性的路径。中国气象科技带有本土性的特色。其特点有二：其一，这种本土性与特殊的下垫面及中国三级阶地密不可分；其二，与中国独特历史进程和社会结构密切相关。这两个事实并不是全球其他国家和地区具备的，这是中国的区域特征，这使得我国大气科学本土特性得到充分展示。

（三）哲学角度认识气象科技发展规律的新观点

科学史与科学哲学是相近的姊妹学科，气象科学史的研究给传统哲学研究带来新的材料和重大挑战。为世界科学哲学发展提供了较好的新发现的突破口。

第一，对科学本质的挑战。科学本质为求真、求准、求精，然而对于

---

① 陈国森、王林、陈文：《大气 Rossby 长波理论的建立和发展》，《气象科技进展》2012 年第 6 期。

② 陈正洪、杨桂芳：《中国大气科学本土特性的案例研究与哲学反思》，《广西民族大学学报》（自然科学版）2014 年第 3 期。

③ 陈正洪：《从北极阁到“联心”的科研积累——陶诗言访谈》，《中国科技史杂志》2011 年第 2 期。

④ Chen, Z. H., Yang, G. F., Wray, R. A. L., “Shiyan Tao and the History of Indigenous Meteorology in China,” *Earth Sciences History*, Vol. 33, No. 2, 2014, pp. 346 - 360.

大气科学的不少领域来说并不在于一定要追求小数点后第几位的精准度，而在于与实际天气情况的符合程度。解决主要矛盾，放弃、偏移某些物理量，这些在正统科学家看来“离经叛道、违背科学本质”的研究手段，曾在气象科学发展历史上获得成功，比较典型的就是在数值预报发展历史上出现的“过滤”和“舍弃”方法。① 未来可能还会继续出现违反传统科学本质而符合气象业务实际的研究结论出现，这会促进科学共同体对科学本质的进一步思考。

第二，对传统科学范式的挑战。集合预报（Assemble Prediction）似乎说明“真理掌握在少数人手里”并不正确，真理大多数时候掌握在多数意见一致的大多数人手里。集合预报结果概率大的应对措施力度也大。长期自主观测的“民间气象学家”往往比“民间物理科学家”更有符合科学道理之处。大气科学几乎不能在既定实验室做真实实验，它的实验室在全球和全宇宙。② 更令人惊奇的是，验证大气科学规律的实验结果往往不可能再次完全重复，这与“自然规律是可以反复出现”的科学范式乃至科学信念不同。基于此得出的结论，大气学家会承认其为规律，这对传统科学范式提出严重挑战。大气科学的部分规律一般总有阈值限制，超过临界点，原先的一些规律就会有变化。

这或许表明，越来越复杂化的当代大气科学，需要在哲学高度重新思考③，也意味着最近几十年可能会出现新的带有根本性的重大突破。

（四）基于史实的气象科学技术发展创新路径的探索

从学科建设角度看，气象科技史有助于“从历史看气象”，培养气象科技工作者和高级人才的历史思维。历史不可能完全重复和再现，但是“历史相似律”确有无法替代的独特价值。

气象科学史有其独特的内涵、外延及发展途径。④ 气象科技创新体系既要重视对现实横向的业务布局，也需要对历史纵向的布局。目前气象部门在

---

① 陈正洪、丁一汇、许小峰：《20 世纪数值天气预报主要阶段与关键创新》，《广西民族大学学报》（自然科学版）2016 年第 4 期。

② 参见〔法〕笛卡尔《笛卡尔论气象》，陈正洪、叶梦姝、贾宁译，气象出版社，2016。

③ 李崇银：《当代大气科学的几个重大研究课题》，《大气科学》1987 年第 4 期。

④ 陈正洪：《气象科学历史特质解析及学科意义》，《咸阳师范学院学报》2019 年第 6 期。

现实横向上布置了绝大部分的力量，而在重要的历史纵向上布局较少。国内十几万名气象工作者对于大气科学的历史和发展规律总体看还是缺乏了解，包括对基本的气象科学发展史实也不太清楚。从“历史看气象”角度讲，气象科技史有助于气象科技工作者、气象科技管理者和业务人才综合素养的全面提高，从而促进气象科技发展创新，助力气象研究高质量发展。

气象科技史研究表明，中国古代气象博大精深自成体系，是古代天文学、农学、数学、中医药学之外的第五大传统学科，对这个领域的研究可以较好地揭示和反思未来中国气象科学创新之路。①

未来，有几个研究方向或许对气象科技创新的路径有启示。

首先，中国气象科技史可以深入探索关于历史气象灾害的研究，从历史角度分析古代旱涝等气象灾害，揭示历史旱涝转换呈现百年尺度向年代尺度的“递缩倾向”，特别是最近几百年华北、华东等地区旱涝灾害转换呈现递缩倾向。② 这显示从气象科学史角度探索地区综合防灾减灾，有积极的现实业务应用潜力。

其次，气象科技史关注自然科学变化过程中的社会和人文因素的重要作用，可以把气象灾害与历史事件、社会变化、气候背景等纳入同一个研究体系中。这样既可以深化对气象灾害“自然属性”的认识，同时也可以关注气象灾害“社会属性”的研究面。③

最后，气象科技史还有个延伸研究手段：气象科技预见，建立在科学预测和技术预见基础上。这与气象预报一样，虽然不能完全准确，但作用在于，在对过去历史的分析基础上对未来的研判，可以增加对国家气象科技创新路径布局和发展力度的把握。

三　气象科技史研究目前存在的问题及建议

总体来讲，在气象培训体系中的气象科技史研究取得了一些积极进展，

---

① 胡化凯：《五行说对中国古代气象学的影响》，《管子学刊》1997 年第 3 期。

② Zhenghong Chen, Guifang Yang, “Analysis of Historical Meteorological Drought and Flood Hazards in the Area of Shanghai City, China, in the Context of Climate Change,” *Episodes*, Vol. 37, No. 4, 2014, pp. 182 – 189.

③ Zhenghong Chen, Guifang Yang, “Analysis of Drought Hazards in North China: Distribution and Interpretation,” *Natural Hazards*, Vol. 65, No. 1, 2013, pp. 279 – 294.

但也存在一些不足，这里提出一些思考与建议。

一是，研究课题和学科团队的聚合度有待进一步提高。这里涉及两个问题。一个是研究课题的聚合度需要进一步集中。近十年气象科技史形成一个研究谱系，包括气象科技通史、分科气象科技史、气象科技人物、口述科技史、历史灾害、气象科技文化遗产、气象学家精神，乃至气象哲学等等，一方面体现了这个研究的较为宽广的发展路径，另一方面也需要适当集中在若干个核心领域，形成深厚积累。另一个是气象科史团队的聚合度需要进一步加强，包括全国气象科技史团队和学者群体，需要在相对集中的几个领域形成骨干和带头人，重点攻克关键课题。

二是，对于气象科技史的业务定位有待进一步提升。一方面，气象科技史是“从历史看气象”，是促进气象科技创新的重要思维方式；另一方面，对于人才培养有潜移默化的重要作用，可以成为气象培训体系中的各类培训班型的基础公选课。习近平总书记多次提出加强“四史”学习和历史研究工作，这对于气象科技史的定位提升是个历史机遇。长达十年的艰苦探索中，笔者发现对于科学史的不理解可能会造成这方面工作的被动。这需要通过对各级干部的培训，提升定位、增进理解，才会形成良性循环。

三是，气象科技史内外合作、做大做强有待进一步推动。气象科技史委员会目前是国内专门从事气象科学历史研究和教育培训及政策咨询方面的、较权威的专业学术组织，拥有气象部门内外和气象培训体系内外的一些资源。比如拥有40家成员单位，包括气象业务部门和一些气象类重点高校院系，在国际上也形成了比较良好的形象和国际专家资源。有必要进一步用活这些资源，做大做强气象科技史，局校合作共赢局面需要维持和加强。这需要不仅在中国气象局大院内，还包括全国各家单位的气象史力量的联合。形成一个相对强大的研究队伍和全面的业务范畴，或许可以更快更直接地对气象事业产生促进作用。

四　未来气象科技史研究的趋势和展望

回顾过去，艰辛异常；凝视当下，挑战和机遇并存；展望未来，任重道远。未来气象科技史研究的指导思想是，全面贯彻中共中央精神，响应国家文化发展等战略号召，突出中国气象科技史定位和中国学派特色，坚持解放思想、实事求是、与时俱进，强化人才培养、科技创新、文化传承、以史资政四大职能。

加强气象科技史委员会的引领作用，突出气象科技史研究中心的实体支撑，落实气象科技史发展规划，坚持基础研究和应用研究并重，积极发挥气象科技史在气象培训体系中的重要作用，创造性发展气象科技文化遗产，促进气象事业高质量发展。研究与培训并重，辅以咨询。为气象教育干部培养和气象事业工作大局服务，为繁荣气象人文哲学社会科学服务。

具体来讲，未来 3 ~ 5 年，需要推进和加强包括如下方面的研究。

一是气象科技史基础理论研究。这方面的研究具体可以包括，气象科技史学科建设、气象科技文化遗产研究、气象科技机构与社团研究、气象科技史研究方法、全国（含港澳台）气象科技史资料目录编纂等，特别是加强气象科技文化遗产的基础研究。

二是气象各分支学科历史与相关前沿脉络研究。这个方向可以包括大气物理科技史、大气化学科技史、动力气象学科技史、天气学科技史、气候学科技史、应用气象学科技史、气象观测科技史（卫星、雷达、仪器等）等研究。

三是"一带一路"气象科技史研究。这与我国"一带一路"倡议结合，包括传教士气象科技史、中外气象科技交流史、国别气象科技史、"一带一路"站点（台站、古观象台、海关、关隘等）气象科技史、"一带一路"气象科技史传播等。

四是气象科技发展与人物口述史研究。这方面研究包括，中国古代气象学家研究、重大理论和学派的研究、近现代关键人物（老气象学家采集）口述史研究、气象科技普及传播史研究等。

五是科技史视角的原始创新规律探索与相关研究。这方面包括，大气科学原始创新案例研究、气象科技历史重大理论实验与复原研究、中国古代重大气象科技成就研究、以史为鉴的人才培养和创新研究咨询、气象科技史预见研究、科技史对气象培养和教育促进研究、气象科技文化研究等。

此外，还可以进行气象科技思想史、气象科技史科普场所建设研究等。借鉴历史智慧，探索重大问题，比如 20 世纪罗斯贝气象学派对中国大气科学的直接影响，在 20 世纪中国大气科学与世界的差距并不太大。身处 21 世纪，如何进行深度气象科技创新，气象科技史或许可以提供一些思路。[①] 以上所述未来的研究领域有可能为气象科技的重大创新提供有益的启示和参照。

（致谢：本文作者服务于中国科技史学会气象科技史委员会秘书处，感谢气象科技史委员专家的指导和扶持，特别感谢许小峰、丁一汇、王志强等专家对该论文的指导。）

① 陈正洪：《气象科技史学科功能与学科建设探索》，《阅江学刊》2018年第5期。

竺可桢对中国气象学建制化发展的贡献分析与启示*

杨　萍　王志强　周　圻**

摘　要：竺可桢作为中国近代气象学发展的奠基人，诸多学者对其学术思想、贡献、成就开展了深入的研究，但从建制化角度挖掘其贡献的研究尚不充分。本文在解读气象学建制化内涵及研究必要性的基础上，重点围绕竺可桢在研究机构、学术组织、人才培养、出版刊物、学术活动五个方面的贡献展开研究，并从学术权威、学科发展、社会推动、科学教育及创新融合等多维角度分析了其能够产生上述贡献的动因和影响要素。本文从一个新的视角深入分析竺可桢的爱国情怀和科学品质，并透过人物研究中国近代气象学科变革，对于未来更好地规范化开展中国气象学建制化工作亦有一定的参考价值。

关键词：竺可桢　气象学建制化　气象学

由于气象与人类生产生活息息相关，人们不断推进对天气现象与内在规律的探索和认识。中国最早的气象记载可追溯到公元前14世纪。[①] 中国气象知识在“观测范围的推广和深入、气象仪器的创造和应用、天气中各项现象的理论解释三方面发展着，直到明初，即公元15世纪时代，我们在气象学方面的认识，许多地方还是超越西洋各国的”。[②] 伴随着17世纪科学

* 本文受中国气象局2022年软科学重点项目“中国气象科技自立自强的路径探索和策略研究”资助。

** 杨萍，理学博士，中国气象局气象干部培训学院研究员；王志强，哲学博士，中国气象局气象干部培训学院正高级工程师；周圻，中国气象局气象干部培训学院。

① 刘晓军：《民国时期中国气象事业建制化研究》，《自然辩证法研究》2014年第8期。

② 竺可桢：《中国过去在气象学上的成就》，《气象学报》1951年第1期。

革命浪潮下温度计、气压计等气象观测仪器的发明以及数学、物理学上的重要发现，气象学慢慢发展成为自然科学。18 世纪末近代气象学才传入中国，后经历鸦片战争、气象台站被英国人掌管的海关控制，近代气象学在中国的建制化过程曲折艰难。

关于近代中国气象学发展的相关研究不少，如对民国时期气象台站、气象事业发展、气象科学试验、气象人才培养等都有所研究[①]，这些也都是气象学建制化的具体体现，但对这一时期关于气象学建制化的系统分析为数不多。竺可桢作为中国近代气象学发展的奠基人，对他的学术贡献、成就、教育思想等研究不胜枚举[②]，但是，从学科建制化角度来挖掘竺可桢贡献的研究尚不多见。

本文依据相关文献和档案，在解读气象学建制化的内涵以及研究意义基础上，从研究机构、学术组织、人才培养、出版刊物、学术活动五个层面系统梳理和分析竺可桢对中国气象学建制化的贡献，并探讨产生上述贡献的动因及影响要素，以期为未来更好地推进气象学建制化提供启示。

一 气象学建制化的内涵及研究意义

（一）建制化内涵

气象学（Meteorology），现代也称为大气科学，是研究大气的各种现象（包括人类活动对它的影响）的演变规律，以及如何利用这些规律为人类服务的一门学科。从人们对大气现象的认知角度看，气象学发展历史悠远，早在渔猎时代和农业时代，古人就已经逐步积累起有关天气和气候变化的

① 王皓：《徐家汇观象台与近代中国气象学》，《学术月刊》2017 年第 9 期；吴增祥：《1949 年以前我国气象台站创建历史概述》，《气象科技进展》2014 年第 6 期；张璇、焦俊霞：《民国时期中国气象学会成立考述》，《档案建设》2016 年第 4 期；王奉安：《我国近代气象科学研究机构及其贡献述略》，《辽宁气象》2004 年第 4 期。

② 陈学溶：《谈竺可桢 1934 年〈气象学〉讲义残本》，《大气科学学报》2014 年第 1 期；吴越、李惠娜：《探析竺可桢的高等教育办学思想及价值意蕴》，《黑龙江高教研究》2016 年第 1 期；叶丽芳：《哈佛大学对竺可桢教育思想的影响探析》，《高等教育管理》2007 年第 3 期；钟金贵：《竺可桢办学实践思想述析》，《教育探索》2012 年第 4 期。

知识[①]，但从学科的知识体系看，气象学还非常年轻。伴随着 17～18 世纪物理学、化学的发展，气象学才从定性描述走向定量分析阶段。此外，从学科的组织建制看，中国气象学建制化直到近代才得以发展。

“建制”一词的本义指国家机构或集团单位等社会组织内的结构性编制、体系及其建构过程。“学科建制”是指处于零散状态且缺乏独立性的一个研究领域转变为一门独立的、组织化的学科的过程。[②] 它意味着从事相同领域学术活动的人们之间存在着相对密集的学术互动，一门学科能够建立并被认可，即完成建制化过程。关于学科建制化的讨论，角度不同，认识也会有所差别。

现代意义上的学科建制概念形成于 19 世纪的近代大学，并逐渐发展成为新兴学科的典范，而学科建制化与同时代的政治、经济、文化环境密切相关。[③] 一般来讲，学科建制具有两个层面的含义，通常应综合考虑内在与外在标志两方面来总体判断。在内在标志方面，应着重学理上的建构，即知识体系以及贯穿其中的学科精神、制度、规范等；在外在标志方面，应着重考虑社会建构，即具体的社会组织、社会分工、管理、交流机制等。[④] 中国社会学家费孝通在 1979 年思考中国社会学重建问题时提出了学科机构建制的 5 个标准，包括学会、专业研究机构、大学科系、图书资料中心、专门出版机构[⑤]；吴国盛认为要在社会建制和社会运作层面进行学科制度建设，从而形成学术共同体，包含学者的职业化、固定教席和培训计划的设置、学会组织和学术会议制度的建立、专业期刊的创办等。[⑥] 综合学者们对学科建制化的理解和阐述，我们认为，气象学建制化过程既包括对气象学知识体系的科学认识范畴，又包括与社会建构互动的范畴。

---

① 参见《中国大百科全书》总编委会编纂《中国大百科全书》（第 4 卷），中国大百科全书出版社，2009，第 243 页。

② 参见李强《中国近代地质学建制化研究》，硕士学位论文，中国地质大学，2007，第 5～6 页。

③ 王建华：《学科制度化及其改造》，《高校教育管理》2014 年第 5 期。

④ 袁江洋、刘钝：《科学史在中国的再建制化问题之探讨》，《自然辩证法研究》2000 年第 2 期。

⑤ 邹农俭：《费孝通与中国社会学的重建》，《中南民族大学学报》（人文社会科学版）2010 年第 4 期。

⑥ 吴国盛：《学科制度的内在建设》，《中国社会科学》2002 年第 3 期。

（二）研究意义

一直以来，气象学由于对国民经济和社会生活产生巨大影响而备受关注。一般认为，中国近代自办气象事业始于1912年民国初年中央观象台的建立，这也被认为是中国独立气象建制的开始。刘晓军曾从气象机构建立、气象预报工作开展、气象人才培养、气象刊物出版、气象学术会议情况五个方面考察民国时期中国气象事业的建制化历程，该研究更偏重对气象业务发展轨迹的梳理和描述，从学科建制化角度进行的分析较少①，而关于学科建制化问题，相关学科如数学、力学、科学史、体育学、哲学、茶学等领域都有较为深入的研究工作。② 气象学作为一门重要的自然科学，建制化问题尚未得到充分研究实属遗憾。回顾气象学早期建制化过程，中国一批科学家特别是气象学家都做出了诸多努力，而竺可桢作为近代气象学发展的奠基人，对中国气象学建制化发展贡献巨大。很多学者从多个角度研究和分析了竺可桢的诸多成就与贡献，相关研究成果极其丰富，但从建制化角度开展竺可桢的贡献研究尚需加强。

气象学发展到今天，已经远远超出传统意义上研究天气的问题。从学科发展角度看，气象学的发展不仅依赖于以数学、物理学、化学为代表的基础学科的进展，也受到地理学、物候学、植物学等相关应用类学科高速发展的推动和促进。此外，现代观测设备与观测平台（如：雷达、卫星等）及计算机技术的迅猛发展，给气象学研究提供了海量实况数据，从而极大促进了气象学的发展。从气象学与诸多学科的紧密联系看，需要更加注重学科之间的融合和互补，研究气象学建制化问题无疑对气象学未来发展能够起到推动和促进作用。

---

① 刘晓军：《民国时期中国气象事业建制化研究》，《自然辩证法研究》2014年第8期。

② 徐曼：《留美生与中国近代自然科学学科的建立和发展》，《学术论坛》2005年第4期；樊汇川、石云里：《近代中国茶学建制化历程》，《安徽史学》2019年第3期；王保红、魏屹东：《国内外数学史学科的建制化及其启示》，《广西民族大学学报》（自然科学版）2011年第3期；张红梅：《体育教育训练学的学科建制》，硕士学位论文，北京体育大学，2012，第21～72页；侯玉婷、沈志忠：《近代中国水利事业建制化研究》，《中国农史》2020年第1期；朱鸿军、苗伟山、孙萍：《学科建制下的规范化：新中国新闻与传播学方法研究70年（1949～2019）》，《新闻与传播研究》2019年第10期。

二 竺可桢对中国气象学建制化发展的贡献分析

（一）筹建与运营：气象研究机构

竺可桢在气象研究机构的建立方面做出了重大贡献，1928 年，在他的领导筹备下，中国第一个气象研究机构——中央研究院气象研究所建立，这也是中央研究院第一批成立的 8 个研究所之一。同时，作为研究所的第一任所长，他对研究所的运营做出了重大贡献，并开启了气象研究机构的建制化历程，“在中国气象科学研究、台站建设、气象观测、预报业务以及气象专业人才的培养等方面做出了重要贡献，为中国现代气象科学的发展打下了良好基础”。特别是近代中国气象台站的规划与建设，在竺可桢的带领下，20 世纪二三十年代成为我国气象观测和台站发展的鼎盛时期。①

回顾竺可桢对气象台站建设的认识，他早在大学任教时，就一直呼吁在全国建立气象台站。1921 年，他在《东方杂志》上撰文《论我国应多设气象台》，提出“苟以欧美日本为先例，则我国至少须有气象台百所”，向政府呼吁要增设气象台，满足农业、行业以及社会的需要②，同年撰写的《我国地学家之责任》《本月江浙滨海之两台风》均提出中国应发展气象台站。1922 年，竺可桢任东南大学地学系主任时，撰文《本校急应在北极阁上建筑观象台意见书》，从历史、地理、教育、实用四个方面强烈申请建立北极阁观象台，然而，竺可桢希望在中国广泛建立台站的愿望直至担任研究所所长后才得以逐步实现。1929 年，竺可桢提出《全国设立气象测候所计划书》，认为“全国至少须有气象台十所，头等测候所三十所，二等测候所一百五十所，雨量测候所一千处”，以便为我国农业、水利、航海、航空、国防等服务。③ 从中国后期建站的实践看，该计划书成为中国气象事业的纲领性文件。1929 ~ 1941 年，竺可桢牵头在全国筹建了 28 个直属测候所，并积极推动各省政府建设地区测候所，在山东、湖南、云南、河南、

---

① 王东、丁玉平：《竺可桢与我国气象台站的建设》，《气象科技进展》2014 年第 6 期。

② 竺可桢：《论我国应多设气象台》，《东方杂志》1921 年第 15 期。

③ 樊洪业主编《竺可桢全集》（第 2 卷），上海科技教育出版社，2004，第 24 ~ 211 页。

陕西、江苏、新疆等地都有效推行。此外，竺可桢致力于科学管理包括海关测候站等各类气象台站，“海关人员对于天气观测、概尽义务，历有年所，殊堪钦佩，而海关测候所一切规划，多赖徐家汇观象台之指导，承海关税务司按月惠寄报告，特志数语，以表谢忱”，在海关测候站中改用“C. G. S 制度”，搜集了广州中山大学、厦门大学、昆明一得测候所、南通军山观象台、徐州麦作试验场、太原农业专门学校、保定河北农科大学、公主岭农事试验场等多地的气象报告。在竺可桢的组织和倡导下，20 世纪 30 年代，中国已经有气象台站近 140 个①，大量气象台站陆续建设中积累的技术和设施为气象事业进一步发展奠定了良好的基础。

在气象观测网建设过程中，竺可桢意识到建立标准规范的观测规程十分必要，并通过带领气象研究所起草《全国气象观测实施规程》、在全国气象机关联席会议中对相关议题进行研讨等，对各级测候所的观测细则、记录格式做了详细规范，并在包含业务实施各项规范及术语使用等各方面取得了一致，对气象电码、无线电气象电报传发、天气预报术语及暴风警告方法、气象观测和气象报告时间、气象仪器标准及计量单位、增设测候机构等进行了统一，并将具备法律效力的相关行业规范颁发到全国各级政府，在业务中进行实践。同时，为配合统一规范和格式，先后形成了一系列包括技术手册、规范、工具书等在内的相关成果，如：《国际云图节略》《气象电码》《航空气象概要》《测候须知》《气象学名词中外对照表》《气象常用表》等。规程统一、标准制定及相应人才的及时培养，对中国气象工作的开展起到重要作用，仅在几年内便取得巨大发展，实现了“在仪器设备、图书刊物、人员素质、业务范围、科技水平和国际影响等方面”超过上海徐家汇观象台。②

（二）创建与推动：气象学术组织

学科共同体的形成不仅是学科发展和成熟的标志，也有利于促进学科的进一步发展。其中，专业学会作为一种学术交流的共同体，加强了当今

---

① 陈德群、陈学溶：《气象研究所的天气预报业务和服务史实概述》，《南京气象学院学报》1996 年第 2 期。

② 参见《竺可桢传》编辑组：《竺可桢传》，科学出版社，1990，第 43 ~ 44 页。

学科研究者之间的联系和沟通。[①] 米歇尔·福柯（Michel Fourault）提出，“学科构成了话语生产的一个控制体系，它通过同一性的作用来设置其边界”[②]。学会在这一过程中发挥重要作用，其召开的各类学术会议不仅推动了学术共同体研究成果的分享，也有助于提升学科成员对本学科的信念和认同，促进研究者间的交流沟通。民国时期陆续成立的专业学会和科学组织为学术交流提供了持续稳固的平台，其中，最为有名的科学组织之一是中国科学社。1914 年夏，任鸿隽等几位留美生以“联络同志、研究学术，以共图中国科学之发达”为宗旨在康奈尔大学筹备成立“科学社”，竺可桢加入并成为其早期社员。1918 年，中国科学社随着大批会员回国也迁入国内，经过张謇等多方奔走，在南京建立固定社所。中国科学社运行期间，竺可桢始终是重要骨干之一，长期参与中国科学社的领导工作。在 1919 年中国科学社第四次年会的主席致辞中，竺可桢谈道：“二十世纪文明为物质文明，欲立国于今之世界，非有科学知识不可，欲谋中国科学之发达，必从（一）编印书报；（二）审定名词；（三）设图书馆；（四）设实验研究所入手，此皆本社之事业也。”[③] 这充分体现了他的科学立国思想。1927 ~ 1930 年，竺可桢出任第四任社长，在中国科学社第十五次年会致谢词时表达了中国科学社的两个目的：“一是灌输科学智识；二是提倡科学研究”。

除了中国科学社外，气象科学家们一直致力于气象学会的建设。中国气象学会由高鲁、蒋丙然等人发起，1924 年在山东召开成立会，时任东南大学地学系主任的竺可桢当选为中国气象学会理事，次年开始出版《中国气象学会会刊》，每年出版一期。[④] 1929 年，竺可桢当选中国气象学会会长，当年在中国气象学会年会致辞中，竺可桢提出学会不能只是叙旧友结新交之用，而有三件事情不可偏废，第一刊发会刊，第二建立图书馆，第三是推广“专门智识”，并提出，要增设名誉会员，要加聘国内外著名气象学者为本会名誉会员。1930 ~ 1935 年，在中国气象学会的年会主席致辞中，竺

---

① 吉标：《改革开放以来我国课程与教学论学科建制的历程》，《西南大学学报》（社会科学版）2006 年第 1 期。

② Michel Foucault, *The Archaeology of Knowledge: And the Discourse on Language*, New York: Pantheon Books, 1972, p. 224.

③ 竺可桢：《竺可桢全集》（第 1 卷），上海科技教育出版社，2004，第 78 页。

④ 吕炯：《中国气象学会》，《科学大众》1948 年第 6 期。

可桢屡次赞扬气象学会在推动测候所建立、观测规范化、气象学学术研究等方面的贡献，并推动测候所的建立，规范气象常用表。1935 年，《中国气象学会会刊》改名为《气象杂志》。[①]

竺可桢不仅对中国气象学会建设做出重大贡献，还是中国地理学会的发起人之一，对地理学的发展贡献巨大。1933 年，竺可桢与翁文灏等联名撰写《中国地理学会发起旨趣书》，详细阐述了要建立学会的四大原因，呼吁国内外地理学家和科学家，参与中国地理学会的创办。1934 年 3 月，中国地理学会在南京正式成立，会长为翁文灏，竺可桢为理事，第一次在江西召开的中国地理学会年会上，竺可桢代中国地理学会会长翁文灏做报告，中国地理学会的成立极大地推动了地理学科发展成为独立学科。1934 年 9 月，《地理学报》创刊，竺可桢积极投稿，充实刊物，不仅撰写了创刊首篇论文《东南季风与中国雨量》及后续多篇文章，还积极为《地理学报》约稿。1953 年，竺可桢被推选为中国地理学会的理事长。[②]

（三）吸纳和培养：气象专业人才

华勒斯坦（Wallerstein）等所著的《学科·知识·权力》一书认为，学科的规范化发展离不开对学科新人的培养。[③] 大学作为教育和培育人的场所，是学科人才培养最重要的机构。在民国时期，竺可桢在气象学人才的培养方面功不可没。

作为气象学专家，竺可桢与大学有着不解之缘，曾在武昌高等师范学校、南京高等师范学校、东南大学（国立东南大学）、南开大学、浙江大学任职或任教，其中，在东南大学和浙江大学的经历尤值得一提。1921 年，在南京高等师范学校转为国立东南大学时面临科系调整，地质学、地理学、气象学和古生物学等课程在竺可桢的倡议下调整在一起，成为地学系，竺可桢担任地学系主任，建立起了中国大学的第一个地学系。1921 年秋季，地学系建立了测候所，观测和记录最高和最低气温、气压、雨量、相对湿

---

① 周秀骥：《21 世纪的大气科学——纪念中国气象学会成立 70 周年》，《气象学报》1994 年第 3 期。

② 张国友、黄剑等：《中国地理学会与〈地理学报〉的发展》，《地理学报》2019 年第 11 期。

③ 参见〔美〕华勒斯坦等《学科·知识·权力》，刘健芝等编译，生活·读书·新知三联书店，1999，第 13～21 页。

度、风向和风速、云量和云的类型、气候状况，并在当地报纸上发表天气报告，这也是中国建立的第一个高校附属气象站。[①] 竺可桢非常注重气象人才的培养，黄厦千、张宝堃、吕炯、沈孝凰、郑子政、朱炳海等人都是东南大学地学系出来的气象杰出人才。[②] 后来，竺可桢应蔡元培之邀，投身于中国气象研究所的筹建和发展中，直至20世纪30年代中期又回归高校。

竺可桢于1936～1949年出任浙江大学校长，在浙江大学任校长期间，“秉持‘史地合一’的通才教育观，创建史地学系，下设史学和地学二组，既造就史学与地学的专门人才，又重视二者的关联，以达到专精与通识之间的平衡”[③]。在此基础上，气象学由张其昀在地学组进行发展。竺可桢担任浙大校长的13年，是浙大历史发展的飞跃阶段，竺可桢的贡献被纳入史册，被誉为浙大发展的奠基人、浙大“求是”伟大的思想典范、浙大的灵魂。抗战中，英国学者李约瑟（Joseph Needham）率领英国考察团到中国考察，到遵义、湄潭两次，详细考察了浙大的发展。他说：“浙大是中国最好的四个大学之一，可以和英国著名的剑桥大学相媲美。”[④] 从此，“东方剑桥”就成为人们对浙大的赞誉。

从竺可桢多年从教的经历来看，早期留学哈佛大学，哈佛大学崇尚科学、主动实验、推崇学术自由的精神对竺可桢产生了很大影响。此外，蔡元培在教育上大刀阔斧的改革给予了他极大的支持和信心，同时梅贻琦通才教育等经典论断也影响着竺可桢的办学思想。正是由于竺可桢善于吸纳百家之长，注重人才培养的实践，他在气象专业人才的培养中硕果累累，其很多教育理念和教育思想如“通才教育”“德智并重”“教训合一”等至今仍有很多值得借鉴和研究之处。[⑤]

（四）宣传与科普：气象出版刊物

竺可桢在归国前两年就致力于编写《气象学》讲义，借鉴国外的气象

---

① 竺可桢：《东南大学地学系介绍》，艾素珍译，《中国科技史料》2002年第1期。

② 张改珍：《竺可桢与中国高校气象专业的创建》，《自然辩证法研究》2018年第7期。

③ 何方昱：《知识、权力与学科的合分：以浙大史地系为中心（1936—1949）》，《学术月刊》2012年第5期。

④ 朱原之、杨之玥、周炜：《李约瑟与浙江大学的渊源》，《文化交流》2018年第5期。

⑤ 苟德敏：《竺可桢大学学科建设思想研究》，《华中师范大学研究生学报》2010年第1期。

学知识和思想改进教学内容。他在东南大学编写了完整的《气象学》讲义。“为教学需要而编写的《地理学通论》和《气象学》两种讲义，成为中国现代地理学和气象学教育的奠基性教材。”[①] 其中，《气象学》收录于《竺可桢全集》，文稿共72页，包括总论和八个章节，首先在总论部分简要介绍了气象学的种类和历史，并在其后的八个章节中分别对涵盖气象现象及观测要素在内的气象学各方面进行介绍。除教材外，竺可桢通过丰富的授课内容，向学生传授先进的气象学知识。据张宝堃先生回忆，“气象学是一年课程，讲述内容比商务印书馆印行的《气象学》丰富得多，竺可桢花了很多时间为学生讲述各种大气现象的物理观念，并引用很多数学公式说明”。在课堂之外，随着教学研究实践积累和总结，竺可桢在此基础上不断扩充修订《气象学》的内容。如，陈学溶研究发现，1934年版本的《气象学》讲义残本篇幅是1920年版本的两倍，这得益于竺可桢将教学与研究紧密结合，依据教学研究实践，将研究成果融入教学之中，不断补充增订新的气象学科研究发现和观测资料。[②]

除了编撰教材外，竺可桢非常重视学术期刊的创办和发展。他在任东南大学地学系主任时，自1921年秋起创办《史地学报》，发表和宣传有关历史、地理和相关学科的论文。1935年，把创刊于1925年的《中国气象学会学刊》改为《气象杂志》，1941年定名为《气象学报》，《气象学报》至今仍是国内气象学科领域的重要学术期刊。

竺可桢除致力于推行学术期刊的创办外，还身体力行支持相关领域期刊建设。1940年，国立浙江大学师范学院院刊创办，竺可桢撰写发刊词。同时，他带头支持高水平学术研究成果在国内期刊上发表，如《中国气候区域论》发表在《气象研究所集刊》。此外，竺可桢非常重视面向公众普及科学知识，《科学》月刊是中国科学社创办的重要期刊，竺可桢以编辑的身份在《科学》上发表了很多普及气象知识的文章，如《近年气象学进步概况》《日本气象学发达之概况》《朝鲜古代之测雨器》，详细介绍国内外气象学发展的历史和现状。1933年，为了更广泛地向民众普及科学知识，中国科学社创办发行了《科学画报》。竺可桢担任该半月刊的特约撰稿人，不仅

① 竺可桢：《竺可桢全集》（第1卷），上海科技教育出版社，2004，第29页。
② 陈学溶：《谈竺可桢1934年〈气象学〉讲义残本》，《大气科学学报》2014年第1期。

撰写《飞机救国与科学研究》《中国实验科学不发达的原因》等多篇科普论文，还通过“读者信箱”多次与公众互动，回答公众来函，解决公众有关太阳黑子、日地距离、历法等方面的问题。

（五）开放与合作：气象交流活动

从现代学科建制化发展来看，有效的学术交流活动是推动学科建设良好的载体。从各个学科发展史看，依托学术组织定期开展活动，建立稳定的学术会议制度是促进学科交流的手段。民国时期，很多学科的发展都因战争的摧残而停滞，但以竺可桢为代表的气象学者所开展的气象学术交流活动仍旧不断开展。

全国性气象会议最早的发起人可追溯到竺可桢。1930 年 4 月，竺可桢呈请中央研究院出面召开了首届全国气象机关联席会议，会议围绕当下全国气象测候事业发展工作中的一些业界共同关注的重大议题展开研究商讨，议题包括：统一气象电码、无线电气象电报传发、天气预报术语及暴风警告方法、统一气象观测和气象报告时间、气象观测仪器标准及计量单位、增设测候机构等。1935 年 4 月及两年后的 1937 年 4 月，中央研究院与气象研究所又分别召开了第二届和第三届全国气象机关联席会议，会议对全国气象测候网建设和气象观测工作的规范化起到了重要的推动作用。

除了重视国内气象领域的交流合作外，竺可桢积极参加国际学术会议、参与国际交流，并撰写高水平论文，发表在国际知名期刊上。1933 年，他参加第五届泛太平洋科学会议，并在该次会上提出了著名的“中国气流之运行”，1937 年 1 月 13 日远东区气象会议于香港召开，竺可桢代表气象研究所、龙相齐代表徐家汇观象台参会，两人同船前往香港，并在船上交谈一个小时；1966 年，竺可桢撰写研究论文《我国近五千年来气候变迁的初步研究》（英文稿），参加罗马尼亚科学院一百周年纪念会。[①]

利用各种场合宣讲对气象科学的认识也是竺可桢开展交流活动的重要方式之一。竺可桢通过在各类训练班、高校典礼上发表演讲来宣传他对科学的认识，加强广大学生群体的科学素养。如：在北碚地理研究所演讲的“抗战建国与地理”，提出“铁路线之选择，必须顾及其经过地区之气候、

---

① 《中国近代地理学的奠基人——竺可桢同志》，《地理学报》1978 年第 1 期。

地形、人口、物产等情况及其可能发展之价值”；在中央训练团党政高级训练班上演讲“科学与社会”，阐述了中国古代为什么没有产生科学与社会的关系；在重庆中央训练团大礼堂、遵义社会处等学术演讲会上，宣讲对宇宙和人生的认识；在浙江大学第十八届毕业典礼上宣讲“毕业生对国家应尽之义务”。竺可桢积极通过各种渠道宣讲科学以及交流对科学的认知，力图提升全民特别是广大学生群体的科学素养，充分体现了其胸怀国家、崇尚科学的个人品质。

三 竺可桢对气象学建制化贡献的当代启示

（一）学科建制化需要杰出的学术权威做奠基

从竺可桢对气象学建制化的贡献可以看到，在学科建制化过程中，杰出的学术权威具有不可替代的作用。“千军易得，一将难求”，杰出的学术权威在机构建设、人才培养、期刊创办、国际影响等各方面往往会起到关键作用。[①] 从对竺可桢组建机构、创办杂志、加强交流、逐步推动气象学发展建制化的过程看，学术权威看似单枪匹马，实则其学术威望促使本学科领域的团队不断壮大、日渐规模化。没有学术权威的推动，学术凝聚力不能快速形成，学术辐射力不能快速见效，建制化的速度势必会受到影响。回顾19世纪二三十年代诸多学科的建制化道路，学术权威在其中都发挥着不可或缺的作用。例如，中国近代力学之父钱伟长参与创建中国第一个力学系和力学专业，参与创建中国第一个力学研究所，主持创建上海市应用数学和力学研究所，开创了理论力学的研究方向和非线性力学的学术方向；中国地质学奠基人李四光，先后担任北京大学地质系主任、中央研究院地质研究所所长、中国科学院副院长、地质部部长，参与共同发起成立中国地质学会，创建了以力学为基础的现代地质学，创立了地质力学，推动地质学研究从定性走向半定量－定量，并对石油工业的发展做出了重要贡献；中国近现代生物学的主要奠基人秉志，参与组织了中国科学社，并刊行中国最早的综合性学术刊物《科学》，创办我国第一个生物学研究机构（中国科学社生物研究所）及第一个生物系（南京高等师范学

① 徐新阳：《学术权威和团队建设的关系》，《中国高校师资研究》2006年第1期。

校生物系），为开创和发展中国的生物学事业做出了历史性的贡献。可以看到，由于学术权威具有很高的学术声望，作为学科形象代言人，他们更容易在本领域汇聚力量、凝练学科方向、组建团队和机构实体、走向国际舞台，同时向其他学科、社会公众及政府呈现本学科的独特魅力，从而加速推动学科的建制化。

（二）学科建制化需要学科的内在张力做引领

学科是知识发展到一定阶段的产物，回顾学科发展的一般规律，学科的演进历程是不断被分化的过程，如物理学、生物学、数学、化学等自然科学从哲学中逐渐分离并相继独立，在这一发展演化的过程中，知识始终位于中心位置，也就是说，学科发展遵循着知识发展的逻辑。一般而言，学科建制化具有兼顾学术性和社会性的双重属性，但在以知识为中心的学科发展过程中，一门学科完整独特的知识体系是学科得以建制化的内在张力，对学科建制化具有引领作用。[①] 在学科知识体系这一内在要素的驱动下，学科建制化才能进一步分解为其组织、制度、文化三方面的建制化。以气象学科建制化过程为例，气象学科组织赋予了气象学生存的必要性和地位的合法性，竺可桢在气象学建制化过程中，初期的重要工作是推动机构的建设，如他在中央研究院气象研究所的筹备和建设中贡献巨大。学科制度作为人们在学科实践活动中形成的规范，其成熟标志着学科知识的合法化，气象观测标准、气象人才培养范式、气象学术交流机制都可认为是学科制度建制化的具体体现。学科文化通常是指渗透在学科知识、成员、组织、制度和学术规则中的，比较稳定的精神思想、价值倾向、伦理规范、习惯做法[②]，竺可桢牵头开展和推进气象科学工作时，积极推进中国科学社工作、创办期刊、建立学会，为学者们形成正确的、科学的学术氛围做出了卓越贡献。展望21世纪，气象学科知识体系的发展正体现出多学科交叉融合的新特征，充分考虑学科建制化的内在张力，顺应气象学知识体系的发展规律，对未来加快学科建制化大有帮助。

---

① 焦磊：《国外知名大学跨学科建制趋势探析》，《高等工程教育研究》2018年第3期。

② 李秀春、杨震、郭世贞：《关于军事技术哲学学科建制化问题的思考》，《装备学院学报》2014年第5期。

（三）学科建制化需要学科的外部推力做驱动

对于一门学科而言，拥有学科要求的完备知识体系是其得以发展的内在根本，但同时，学科被承认并赋予社会属性是其保持强大生命力的外部依据，内、外两方面缺一不可。若学科不能被国家承认、未能开展社会建制，则很难发展和壮大。因此，学科自身的知识建制与学科的社会建制是一个双向互动、互相促进的过程。就知识建制而言，其意味着学术界普遍认同该学科的学科价值、思维方式、研究领域、核心概念及知识体系等，标志着学科范式的确立，而这也是获取社会建制的前提。[①] 相应地，社会建制则意味着该学科在学术界认可的基础上，还得到了社会、公权力和学术组织的承认，并以制度的形式确定下来，是学科成立和成熟的标志。20 世纪初，在以竺可桢为代表的留学欧、美、日等地气象学家们的强力推动、国家和社会发展需求的双重作用下，中国气象学科建制化通过多样化的组织形式在较短时间内初步完成了社会建制过程，如气象科学研究机构建成、气象学会成立、气象期刊刊行、气象人才涌现，快速的社会建制为学科自身发展提供了必要的物质条件，有利于学者们联合在一起，从本土现实出发进一步发展气象学的知识体系，从而为学科的知识建设提供有利的社会环境，对于那个时期气象学科知识增长起到了加速和推动作用。这一过程充分体现了学科发展的时代性和社会属性，学科建制化过程必然是内部动力和外部推力共同作用的结果。

（四）学科建制化需要科学、教育、创新三者相融合

学科建制属于一项社会活动，具有学术性和社会性双重属性。学科自身知识体系的发展是学科建制的内动力，通过建制过程，可以带来更加精准的学术专业分工，增进和丰富对学科分支的了解，从而促进该学科的知识增长，如气象学一开始隶属于地理系，竺可桢最早也是在高校的地理系任教，在气象学科的建制过程中，逐渐被分化和独立出来；学科的建制过程离不开与该学科密切相关的人，学科建制过程也是不断加深科学家对本

---

① 李小波：《理论纲领确认与学科建制化：全面建设 21 世纪的公安学》，《公安学研究》2019 年第 3 期。

学术领域理解的过程，科学家追求学术成果的发表和转化，能够为其带来在学术共同体内的声望和其他学术资源，刺激政府、科研机构、学术团体对该学科的支持，为学科的可持续发展提供必要的保障，具有学术威望的科学家依托研究机构、高校等培养更多人才，为学科繁荣提供了足够的动力；由于学科建制能够促进人才培养和科学知识的增长，建制过程刺激了科学教育、学术团体、科技人才的繁荣发展，通过外在推力，促进学科的创新发展，如果没有学科建制，大学、学术期刊、学术团体等不可能持久存在，学科创新发展就不能有持续的动力。综上所述，学科建制过程既需要学科自身发展，还需要加强高层次及青年人才的培养，推动学科创新发展，要实现学科的建制化，必然需要科学、教育、创新的深度融合。

结　语

气象建制化是气象事业悄然发展的见证，这一过程离不开诸多学者和专家的共同努力和推进，竺可桢作为中国气象科学的奠基人，深入挖掘和分析其在中国气象学建制化过程中的贡献，既可以从一个新的视角来深入了解竺可桢的爱国情怀和科学品质，亦可透过人物研究观察中国近代气象学科变革的侧面，同时还能够对现代气象学科如何更好地建制和规范发展带来启示。当然，学科建制化的过程是一个十分复杂的过程，本文仅仅从人物做切入点略作分析，以期为相关研究工作提供一些参考。

地方气象史

20世纪上半叶北京气象业务机构的若干史实

何溪澄　冯颖竹*

摘　要：本文基于文献档案和历史图片，梳理了20世纪上半叶位于北京的气象机构的管理体制和业务场所的变迁，指出张謇构建全国气象观测网的梦想未能实现，但位于原民国农商部中央农事试验场内的气象业务楼则一直使用到1953年。

关键词：北京　气象机构　气象史

一　清末中央和地方农事试验场的建立

1906年4月，为振兴中国的农业，清廷农工商部开始筹建中央农事试验场，作为农业新技术的示范场所。农工商部起草的奏章中写道："京师为首善之区，树艺、农桑又为臣部所职掌。自宜择地设立农事试验场一所，以示模范。惟查试验场地非寻常开垦可比，欲便于观览，则不宜偏僻之区；欲利于研究，则不宜荒瘠之地；屏除两弊，相度维艰。兹查得西直门外有乐善园一所，该园地段广计十有余顷，园中屋宇花木悉经毁弃。惟土脉肥饶，泉流清冽，以之作试验场，种植灌溉最为相宜。"① 获得批准后，农工商部在北京西郊原乐善园、继园（也称三贝子花园）和广善寺、惠安寺的旧址，占地约1012亩，建设农事试验场。农事试验场于1908年全部竣工，并对社会开放。试验场内附设有动物园（当时称"万牲园"），公众参观动物园须购买门票。

据周景濂1914年在《地学杂志》发表的《中国设立观测所之始末》一文，中央农事试验场内的气象观测在民国成立之前就开始了，但该文没有

*　何溪澄，广州市气象局；冯颖竹，仲恺农业工程学院。

①　苑朋欣：《论清末农事试验场的创办》，《枣庄学院学报》2015年第4期。

给出具体的时间。[①]

也有一些省份陆续建设地方农事试验场。如广东省于1908年开始筹建农事试验场，选址在今广州市越秀区农林下路一带。1909年清政府农工商部批准广东农事试验场成立，1910年广东农事试验场始有专人开展每日气象观测。

二　民国初年教育部与农林部关于气象管理权之争

民国初年，发生教育部与农林部关于气象工作主管权之争。农林部认为中国以农立国，气象主要是为农业服务，建议气象工作归农林部主管（宋教仁是第一任农林总长）。教育部进行了反驳，在1912年6月教育部起草的《气象事项宜划归农林部主管驳议》中指出：气象除了为农服务外，还为许多其他行业服务，“设因有关之故，将气象事项划归农林部，则亦可因他种有关之故，划归海军、交通、内务诸部”，“况气象学术研究方新，凡关乎学术者，似应归教育部主管，此东西各国通例，而日本以中央气象台隶属文部省尤明证也”。原文首页如图1所示。

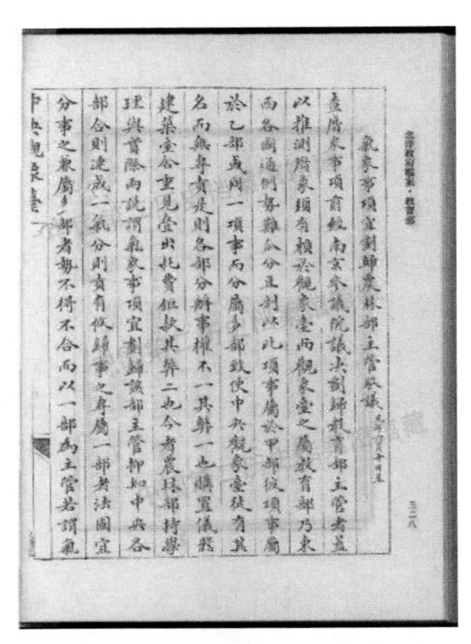

氣象事項宜劃歸農林部主管駁議

查曆象事項前經南京參議院議決劃歸教育部主管者蓋

以推測曆象須有賴於觀象臺而觀象臺之屬教育部乃東

西各國通例勢難分立故以此項事屬於甲部彼項事屬

於乙部或同一項事而分屬多部致使中央觀象臺徒有其

名而無其實是則各部分辦事權不一其弊一也購置儀器

建築臺舍重見叠出就費無款其弊二也今者農林部持學

理與實際兩說謂氣象事項宜劃歸該部主管抑知中央各

部合則建成一氣分則責有攸歸事之專屬一部者法固宜

分事之兼屬多部者勢不得不合而以一部為主管若謂氣

中央觀象臺

图1　《气象事项宜划归农林部主管驳议》原文首页

资料来源：中国第二历史档案馆。

① 周景濂：《中国设立观测所之始末》，《地学杂志》1914年第11期。

最终北洋政府裁定教育部主管全国气象工作。1912 年 6 月，教育总长蔡元培委派高鲁负责接收北京古观象台并筹划建立中央观象台。11 月，北洋政府正式批准建立“中央观象台”，职数为台长 1 人，技正 4 人，技士 20 人，主事 5 人。中央观象台内设天文、历数、气象、磁力 4 个科和事务处。天文科的职责是：观测事项，推算事项，报告事项，检定天文仪器，编制观象年鉴；历数科的职责是：校时事项，推步事项，编制历书，汇编观象年鉴；气象科的职责是：测候事项，报告事项，检定气象仪器；磁力科的职责是：考测磁力事项，考测地震事项；事务处的职责是：文书，会计，庶务及不属于各科之事务。

1913 年春，高鲁聘请由比利时留学回国的蒋丙然负责中央观象台气象科的工作。蒋丙然着手购置气象仪器设备，招募与培训观测人员。从 1914 年 1 月起，气象科开始正式气象观测，每日观测 4 次，观测时间为 8 时、12 时、16 时、20 时，观测项目有气压、气温、湿度、风向、风力、云、地温等。从 1915 年 1 月起，气象观测增至每小时一次，由 6 人昼夜轮流值班。同年，开始绘制天气图，试做天气预报。1916 年始正式向社会发布北京地区天气预报。①

农林部虽然未能争到对全国气象事业的管理权，但气象观测继续作为中央农事试验场的一项日常工作。而且，为谋求发展，农林部于 1913 年 8 月开始筹划建立独立建制的气象观测所，制定了《农林部观测所暂行规程》。

三 北洋政府农商部观测所及张謇的气象梦

1913 年 9 月 11 日，年逾 60 的张謇出任农林部、工商部总长兼全国水利局总裁。11 月 26 日，张謇签发民国二年农林部第 102 号令，任命筹备员汤襄主持观测所事务。12 月 24 日，北洋政府在农林部、工商部基础上组建农商部，张謇任农商总长。1914 年 4 月，农商部正式发布了“观测所官制”（原文见图 2，相当于现在的机构“三定”方案），观测所直属农商总长管理，职数为所长 1 人，技正 1 人，技士若干人，主事 2 人，此外还可酌用雇

① 吴增祥编著《中国近代气象台站》，气象出版社，2007，第 60，64～66，93，160 页。

员，并在部分省份设置观测分所。[①] 在农商部预决算中，观测所属于独立财务单位。一些档案资料显示：1914 年农商部财政经费实际支出为 178.685 万元，其中观测所 0.84 万元，中央农事试验场 3.8 万元；1916 年农商部的财政预算总经费为 273.479 万元，其中观测所 1.008 万元，中央农事试验场 7.2676 万元。[②] 鉴于此时观测所不属中央农事试验场管辖，观测所很可能有自己独立的业务楼。

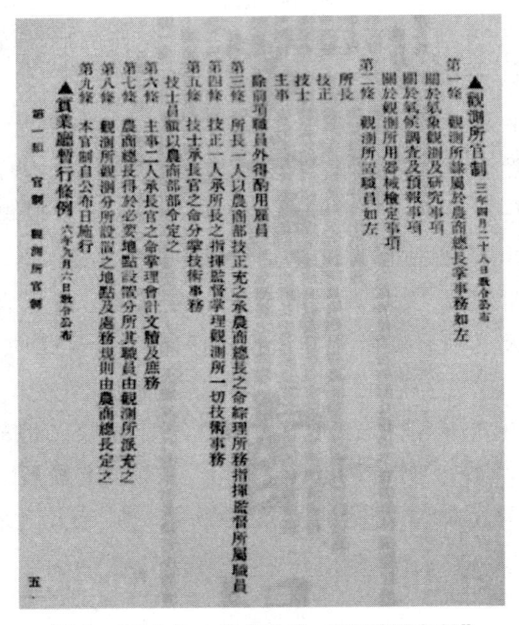

▲觀測所官制 三年四月二十八日教令公布

第一條 觀測所隸屬於農商總長掌事務如左

關於氣象觀測及研究事項

關於氣候調查及預報事項

關於觀測所用器械檢定事項

第二條 觀測所置職員如左

所長

技正

技士

主事

除前項職員外得酌用雇員

第三條 所長一人以農商部技正充之承農商總長之命綜理所務指揮監督所屬職員

第四條 技正一人承所長之指揮監督掌理觀測所一切技術事務

第五條 技士承長官之命分掌技術事務

技士員額以農商部部令定之

第六條 主事二人承長官之命掌理會計文牘及庶務

第七條 農商總長得於必要地點設置分所其職員由觀測所派充之

第八條 觀測所觀測分所設置之地點及處務規則由農商總長定之

第九條 本官制自公布日施行

▲實業廳暫行條例 六年九月六日教令公布

第一類 官制 觀測所官制 五

图 2　1914 年 4 月公布的“观测所官制”

资料来源：农商部参事厅编《农商法规汇编》，商务印书馆，1918，第 5 页。

“观测所官制”明确了观测所的三项职能：关于气象观测及研究事项；关于气候调查及预报事项；关于观测所用器械检定事项。从职能可见，观测所事实上就是气象观测所，只是由于气象业务由教育部主管，不便加“气象”之名而已。社会上也有以气象观测所相称，如 1916 年《北京高等师范学校校友会杂志》刊登该校理化部三年级学生王鹤清写的一篇《参观

① 参见农商部参事厅《农商法规汇编》，商务印书馆，1918。

② 丁健：《民初农商部研究（1912～1916）》，博士学位论文，陕西师范大学，2011，第 218～222 页。

北京气象观测所报告》，报告写道：“本部第三学年，添授气象学。十月二十日，乃有北京气象观测所之行，盖将实地观察也。是日天朗气清，主任陈先生暨本科教员符先生率同级生二十五人，结队前行，精神焕发，进宣武门，出西直门，迤西至观测所。”该文还介绍了观测所内的气压、气温、湿度、地温等测量仪器及挂在墙上的云图等情况。①

农商部在各地的观测分所按农商部观测所（也称观测总所）制定的规范进行气象观测，每日观测 6 次，观测结果按统一的报表格式抄报观测总所，并由观测总所汇编出版《农商部观测所年报》。1914 年的年报内容包括逐月逐日的最高最低气压、最高最低气温、相对湿度、风向风速、地温（60、80、120 厘米深）、降水量，3 ~ 11 月还增添有水温和蒸发量观测。②年报还有两个附录，分别是农事试验场各种作物积温表和各种水果生长时期平均温度表，表明观测所作为农商部的下属单位，与农事试验场同处一地，积极承担一些农业气象观测和研究工作。

张謇是一个非常有见识有抱负的人，早在 1906 年，他就在江苏南通创建博物苑，附设测候所，从日本购得气象仪器进行气象观测，这是中国首个由国人自主建立的气象观测站。他知道气象业务体系至少需要一台一网（当时外国人主导着徐家汇观象台和海关测候网），担任农商总长后，希望能将农商部观测所发展成“台”，各地观测分所组成一个“网”，建设中国人自己的气象业务体系。在 1914 年的《农商部观测所年报》上，张謇亲自题写了序言。序言中写道：“夫观测之效用，今之有常识者类能道之矣。使由中央而省而县而县之各分区胥能成立，则南朔之隔，东西之别，凡风雨气温气压之异，可于分秒之时周知于一室之内。”③

然而，在全国各地建立观测分所一事非常艰难。1913 年 8 月至 1914 年 4 月，农商部安排农政专门学校农政科的毕业生分赴各省筹建分所，每所两人，由农商部提供所需经费和气压计、温度表等基本气象仪器，共设立了

---

① 王鹤清：《参观北京气象观测所报告》，《北京高等师范学校校友会杂志》1916 年第 1 期。

② 《北京全年气象要素表》，《农商部观测所年报（中华民国三年份）》，亚东制版印刷局，1916，第 17 页。

③ 张謇：《序言》，《农商部观测所年报（中华民国三年份）》，亚东制版印刷局，1916，第 1 页。

26处分所。[①] 但到1914年秋，北洋政府即以中央财政经费短缺无力供给为由，在编制上裁撤了农商部观测所的分所，所有分所仪器移交所在省的农林机关处理。结果是这批观测分所，部分关闭了，部分由所在省转交本省的农事试验场或者农业专科学校管理。1916年的观测所年报附有一些观测分所的报告，列出了直隶农事试验场、山西绥远观测所、山西农业专门学校、河南农事试验场、江苏南京观测所、浙江农事试验场、安徽农事试验场、广东农林试验场、湖南甲种农业学校、湖北襄阳第一农林试验场、江西农事试验场、四川农事试验场、吉林农事试验场、吉林甲种农业学校的气象观测资料统计数据。[②]

因不满袁世凯欲称帝，张謇于1915年4月、1916年1月先后辞去农商总长、全国水利局总裁职务，回到家乡南通。1916年10月，张謇在南通自建了一个军山气象台。他在给《南通军山气象台年报》作序时，一方面表达了对北洋政府的不满，“夫气象之理至赜，而测候之用至广，欧美各国，皆国家主之，地方辅之。总其本者一，而分台支所，累而十而百而至于千，此岂私家财力之所能充，亦非一二学者之所能任”；另一方面，又寄希望于军山气象台，“比者承乏农商，曾令各省设测候分所矣，卒以费绌，甫张而旋弛，然则兹台其千七百县之嚆矢欤？抑硕果欤？未可知也”[③]。

袁世凯死后，军阀混战，中央和地方财政更加短缺，农林部门管理的气象观测所和观测分所都急速走下坡路，张謇想借助农林部门构建全国气象观测网的梦想彻底破灭。

1916年，正在美国哈佛大学攻读气象学博士学位的竺可桢在美国《每月天气评论》杂志上发表了一篇题为《中国的气象机构》的短文，文中说：“中华民国成立后，农业部门建立了一个气象机构，在一些省份有分支机构，然而，由于缺少经费和人员，目前运行状况不佳”；“北京目前有两个气象台，一个属农业部门，位于中央农事试验场，另一个是中央观象台，属教育部。后者除了出版月刊外，还发布了多个公告，月刊始于1913年秋，除了刊载气象方面的文章外，还有关于天文、地震、地磁方面的”；“除直

---

① 《本院各部所会概况》，《国立北平研究院院务汇报》1930年第1期。

② 《各省观测分析所报告》，《农商部观测所年报（中华民国五年份）》，亚东制版印刷局，1917，第61～70页。

③ 《南通军山气象台年报》，南通翰墨林印书局，1918，第1页。

隶外，许多省份的气象机构设在当地农事试验场，通常在省会城市，大多使用未经标定的气象观测仪器”。① 原文如图 3 所示。

MAY, 1916. MONTHLY WEATHER REVIEW. 289

first, to the United States, then to Mexico and Yucatan, and, finally, to South American countries. Each of these voyages he undertook without any governmental aid; each was an opportunity to him for the acquisition of several new languages; in fact, it was incomprehensible to him how a language could be difficult for anyone.

While in the United States Voeĭkov spent some time in Washington, where he made the acquaintance of the members of the recently organized national weather service, of Joseph Henry, and other scientific leaders. In 1882 he qualified as privat-docent at the University of St. Petersburg. Two years later he published his great work, "The Climates of the World," which brought him universal renown as soon as its translation into German, in 1887, made it available to the European scientific world. An English translation of this work from the Russian was at once prepared by Dr. Alexander Ziwet (Aun Arbor) under the encouragement and supervision of Prof. Cleveland Abbe, and revised by Voeĭkov in 1900, but no publisher has yet been found for the work. In 1885 he was appointed professor of physical geography at his university and, later, director of the meteorological observatory there. This permanent appointment to a professorship marked the beginning of a new series of publications, which at first revealed the meteorologist and then the ideal geographer. As examples, one may cite his study, in 1904, on the rôle of the Pacific Ocean in the world's affairs, a very remarkable article in the Novoe Vremia on the regeneration of Russia, and a French work, "Le Turkestan russe." Somewhat against his will, Voeĭkov had come to be a vegetarian, and he also contributed studies on vegetarianism.

Among his meteorological papers, those appearing in the Meteorologische Zeitschrift have had the most interest for American students; but they have num-

THE CHINESE WEATHER BUREAU.

By CO-CHING CHU, A. M.

[Dated: Harvard College, Cambridge, Mass., June 22, 1916.]

With the establishment of the Chinese Republic and the adoption of a constitution by the first Parliament in the years 1911 and 1912, a national weather bureau was officially instituted under the Board of Agriculture, with branch stations in various Provinces. Owing, however, to the lack of funds and men the organization has not progressed as we wished.

At present, there are two meteorological observatories in Peking. The one under the Board of Agriculture is located in the Central Agricultural Experimental Station. The other is called the "Central Meteorological Observatory" and belongs to the Board of Education. The latter observatory has already issued several bulletins, besides publishing a monthly magazine. The magazine had its start in the Fall of 1913, articles on astronomy, seismology, and earth magnetism have been published, as well as meteorological treatises. Each issue contains about 60,000 words (in Chinese).

In many other provinces besides Chili, of which Peking is the capital, Weather Bureau stations are maintained in connection with the Agricultural Experimental Stations, usually in the provincial capitals. The instruments used there are not of the first class, and in most cases have never been standardized. It is evident, then, that any work on forecasting is out of the question at the present stage of development of the governmental stations.

With the passing of Yuan's régime, we hope President Li and the new Parliament, which will be called together soon, will be more generous in their support of the weather bureau and other scientific enterprises.

图 3　竺可桢在 1916 年 5 月发表的一篇短文

资料来源：《每月天气评论》，美国气象学会出版，1916 年第 5 期，第 289 页。

中央观象台于 1918 年首次向教育部提出了全国气象分区计划，提议每省设一总站及若干测候所，但因经费无着落，教育部只通令全国各省普设测雨站。1920 年，中央观象台再次通过教育部向北洋政府提交了《扩充全国测候所计划书》，终获北洋政府内阁会议通过，由国库拨款，建立了张北、开封、西安 3 个测候所。1921 年，中央观象台开设第一期气象训练班，学员 30 多人，经过 3 个月的测报等训练后安排到本台、地方测候所和航空署管辖的航空测候所工作。

1924 年 10 月 10 日，中国气象学会在青岛成立，时任青岛胶澳商埠观象台台长的蒋丙然当选学会会长，大会推选张謇、高鲁、高恩洪（时任胶澳商埠督办）为名誉会长，而农商部观测所没有申请作为气象学会团体会员，只有汤襄是个人会员。

---

① Chu Co-Ching, "The Chinese Weather Bureau," *Monthly Weather Review*, Vol. 44, No. 5, 1916, p. 289.

1927 年，北洋政府将所有原农商部所辖农林机构划归新设的农工部管理，农工部实行简政，将观测所降归中央农事试验场管理，改为观测股。

四 国立北平研究院测候所与北平气象台合并

1928 年 6 月，国民革命军进入北京，北洋政府结束，北京改为北平。1929 年 8 月，中央农事试验场改组为北平天然博物院，观测股易名为气象观测所，隶属博物院农事馆。1929 年 11 月，国立北平研究院与北平天然博物院合作，国立北平研究院下的部分机构设在国立北平天然博物院内，气象观测所移归国立北平研究院管辖，更名为“国立北平研究院测候所”（以下简称“测候所”），测候所由国立北平研究院天算部代理部长彭济群负责（实际未到位）。

测候所业务楼楼顶安装测风设备，百叶箱和雨量计放在楼前。观测项目有气压、气温、湿度、风、降水、蒸发、地温、水温、云、天气状况等，每 3 小时观测一次，每日 8 次。观测资料和本地未来 24 小时天气预报分送广播无线电台及报馆。每月末将观测记录做成月报，刊登在《国立北平研究院院务汇报》上。[①] 1930 年第 1 期和 1932 年第 6 期的《国立北平研究院院务汇报》上刊有测候所业务楼的照片。每年还编制上年度天气概况，刊登在北平研究院的年度报告中。1936 年起编印《国立北平研究院测候所气象月报》。

1929 年 4 月，南京国民政府将位于北京的中央观象台改建成国立天文陈列馆和北平测候所两个机构，分别由中央研究院天文研究所和气象研究所管辖。1930 年 4 月北平测候所改称为北平气象台。1932 年，北平气象台开始施放测风气球，进行高空风观测。

鉴于北京古观象台建筑有数百年历史，又存放着世界上最大的旧式铜制天文仪器，作为博物馆的定位愈来愈明确，在古观象台场所开展气象观测业务已不合适。1936 年 8 月，中央研究院与国立北平研究院商定，将北平气象台移出古观象台，与国立北平研究院测候所合并，名称仍为北平气象台（同时保留“国立北平研究院测候所”名称），由国立北平研究院管

① 刘晓：《国立北平研究院简史》，中国科学技术出版社，2014，第 148 ~ 150 页。

辖，聘请清华大学李宪之教授为技术顾问。至此，民国初期在北京成立的两家气象业务机构合二为一。

新的北平气象台除继续开展地面观测外，还每日施放测风气球，供航空之用。观测报告每日 6 时及 14 时电报送播，夏季每日 21 时增加报送一次。

“七七事变”后，国立北平研究院将大部分研究所迁到昆明，北平气象台等机构则停办。抗日战争胜利后，迁至昆明的研究所相继迁回北京，调整后的国立北平研究院机构不再包含气象台。

五　农事试验场内的气象业务楼

北平沦陷期间，伪临时政府及“华北政务委员会”等傀儡政权设立了华北观象台，开展气象观测、天气预报、气象仪器校准、历书编纂等业务。伪华北观象台设立于 1939 年 11 月①，台长是文元模，气象科科长和大多数工作人员是日本人。观象台于 1940 年 1 月正式开展气象观测，一开始的办公业务地点在“北京大学二院”旧址（当时是伪临时政府教育部于 1939 年 1 月成立的伪北京大学理学院所在地）。伪教育部《教育公报》1940 年第 22 期上提及：“华北观象台前因新造房屋尚未竣工，暂借北京大学理学院办公，业经奉准在案。兹以西直门外实业部农事试验场内本台新址建筑均已完成，业于二月十一日迁入，同时在理学院所设办公室撤销。”文中的“新造房屋”是翻新改造还是新建？伪华北观象台成立于 1939 年 11 月，1940 年 2 月 11 日搬进农事试验场内，不大可能在 3 个月新建一栋楼，比较合理的解释是对农事试验场内的原北平气象台办公楼进行了装修改造。

抗战胜利后，伪华北观象台被民国中央气象局接收，名称改为华北气象台，沿用原址，1946 年 3 月李良骐任台长，1947 年 6 月后改称北平气象台。

北平解放前夕，为了安全，北平气象台由西郊临时迁入城内的羊房胡同（也称羊坊胡同）。北平和平解放后，筹建中的华北军区航空处派张乃召等人到羊房胡同接管了北平气象台。《延安时代的气象事业》一书中说：“2

① 杨云：《伪华北政务委员会教育总署教育行政报告书》，《民国档案》2005 年第 3 期。

月 9 日，由张乃召带领曾宪波、张丽等到羊坊胡同接管……该台台址原来在三贝子花园内，因战争迁入羊坊胡同的一座小四合院内，非常拥挤。虽然在打仗，但该台的观测记录工作一直未中断，器材也没有损失，移交清册也搞得比较详细、整洁……4 月 1 日，顺利完成了北平气象机构的接收任务。”① 1950 年 1 月就到中央军委气象局办公厅工作的阎东政在回忆新中国成立初期的基建工作时也说，中央军委气象局在 1950 年接管的房产有西郊原华北观象台楼和羊房胡同 18 号。②

华北军区航空处接管北平气象台后，气象台搬回西郊原址，10 月改称北京气象台。1949 年 5 ~ 10 月，人民解放军华北电专陆空通讯气象专业班也由石家庄转移到这里进行学习和实习。而羊房胡同 18 号在新中国成立初期由中央军委气象局安排给气象观测训练班使用。

1949 年 12 月 8 日，中央人民政府人民革命军事委员会气象局成立。1950 年 2 月，人民解放军华北军区航空处将北京气象台移交中央军委气象局。1950 年 3 月 1 日，扩建成立中央气象台。1951 年，增加北京高空气压、气度、湿度的观测。③ 1953 年 5 月 28 日，中央气象台迁到不远处新建成的中央军委气象局大院。

20 世纪 30 年代国立北平研究院测候所业务楼虽然经过 1939 年前后的装修改造，建筑物的屋顶和中部柱廊发生了变化，但房身结构、台基和左右两翼窗户的形状未变。

尽管没有找到农商部观测所时业务楼的照片，推测该楼始建于清末，很可能是张謇任农商总长时将位于农事试验场内的该楼安排给了观测所。如果这个推测成立的话，该楼在 1914 ~ 1937 年和 1940 ~ 1953 年近 40 年间都是作为气象业务楼使用，该地点有着近 40 年的北京气象观测历史。

1945 年日本投降后，国民政府在北京西郊原农事试验场地块建设北平市园艺试验场，1946 年改为北平市农林实验所。北平和平解放后，北京市人民政府于 1949 年 2 月接管了当时的北平市农林实验所，因其已不具备农

① 《延安时代的气象事业》编纂委员会编著《延安时代的气象事业》，气象出版社，2021，第 111 页。

② 刘英金主编《风雨征程——新中国气象事业回忆录》（第 1 集），气象出版社，2006，第 557 ~ 558 页。

③ 庄国泰主编《中国的世界百年气象站（三）》，气象出版社，2021，第 10 ~ 15 页。

林实验的条件，于同年 9 月 1 日改成西郊公园，内有动物展览馆舍。1955 年 4 月 1 日，经北京市人民委员会批准，正式定名为北京动物园。经过北京动物园内部多次整修改造，现除畅观楼等个别老建筑仍遗存外，其他老建筑多已拆除，原农商部观测所的业务楼在 20 世纪 90 年代初被拆除。

中国气象科技史上的杭州印记

——从史料记载看杭州气象之最

麻碧华　谢　筠　华行祥*

摘　要： 5000年前，良渚人观天候气，在温暖湿润的气候里发展出高度发达的稻作文明。由唐入宋，气候渐冷，宋室南渡，杭州被推向古都发展史的巅峰，南宋清台的设立则标志着杭州气象科技的长足进步。明清以来，杭州晴雨录和雨情奏折反映出最高统治者对气象的高度重视。晚清民初，气象成为杭州扶农兴邦浪潮下的科学手段之一。民国时期，竺可桢先生为杭州开辟出现代气象发展之路。5000年来，杭州人对气象规律不懈探索，在中国气象科技史上留下了鲜明的杭州印记，对丰富整个中国气象科技的内涵发挥了重要的作用。

关键词： 气象科技史　杭州印记　气象之最

杭州地处我国东部沿海，是中国六大古都之一，拥有实证中华5000多年文明史的良渚古城，是烟雨江南的一座富庶美城，同时也是台风、暴雨、干旱、洪涝等气象灾害频繁造访之地。历史上杭州发生万人以上死亡的洪、涝、潮灾害约有12次，大多数都与台风入侵有关。为揭示杭州的气候，掌握天气变化规律，杭州人曾进行长期不懈地探索，也创造了多项全国之最，形成了独特的气象历史文化，在中国气象科技史上留下了鲜明的杭州印记。

一　我国最早的风向标出自良渚

在国家博物馆、良渚博物院保存的玉璧中，各有一块良渚文化后期的

* 麻碧华，浙江省杭州市气象局；谢筠，浙江省杭州市富阳区气象服务中心；华行祥，浙江省杭州市气象局。

玉璧上刻画了一幅神秘的鸟立高台图像，该图像上部为一只长尾鸟，下部为阶梯状顶的长方形图案，内有雕刻精美的神化了的太阳图案和细纹，鸟足与长方形图案之间有一柱状物相连接。考古学家认为，阶梯状顶的长方形图案是人工堆砌的高土台（祭坛），鸟落在柱子上就是鸟图腾柱。[①] 考古学家还判定，目前发掘的良渚瑶山祭坛、反山良渚遗址都立有鸟图腾柱。良渚先民在祭坛上竖鸟图腾柱立杆测影，观测太阳方位，又观测四时八节星空的变化，制定历法。[②]

利用鸟图腾柱观测太阳方位不难理解，如何观测四时八节的变化，则与图腾柱具有的测风功能有关。《拾遗记》卷一记载："帝子与皇娥泛于海上，以桂枝为表，结熏茅为旌，刻玉为鸠，置于表端，言鸠知四时之候。故《春秋传》曰'司至'是也，今之相风，此之遗象也。"少昊族以鸟为图腾，此段文字中"刻玉为鸠，置于表端"，就是鸟立高台的形象，符合良渚玉璧"鸟立高台"的图像特征。"言鸠知四时之候"，明指玉鸠可用于判定一年的四时，包括冬至、夏至、春分、秋分。"今之相风，此之遗象也"明指相风（观测风向的仪器）是由玉鸠演变而来的。《拾遗记》卷一"少昊"条中，还指出"凤鸟氏"之说的来历，"时有无风，随方之色"[③]，是五行说盛行后的神话传说，即风有五色，随方向、季节不同。《左传·昭公十七年》也记载了少昊立国时，以鸟名官，把主管天文历法的官称为凤鸟氏，为历正；又设多个历正的属官，把专管春分、秋分的官称为玄鸟氏，为司分；把掌管冬至、夏至的官称为伯赵氏，为司至；把掌管立春、立夏的官称为青鸟氏，为司启；把掌管立秋、立冬的官称为丹鸟氏，为司闭。[④] 这个内容是少昊国神话的一部分，与现今尚存的连云港将军崖岩画中的"鸟历天象图"基本一致，但这个神话传说比岩画要早2000多年。据考古学家推断，连云港将军崖岩画的"鸟历天象图"确实是远古时代少昊族留下的遗迹。[⑤] 中国大部分处于季风气候区，四季分明，一年当中各季节的盛行风向

① 陆思贤、李迪：《天文考古通论》，紫禁城出版社，2005，第58页。
② 陆思贤、李迪：《天文考古通论》，紫禁城出版社，2005，第136页。
③ （东晋）王嘉：《拾遗记》卷一，湖北崇文书局，1875，第219页。
④ 刘勋：《十三经注疏集：春秋左传精读》（第3册），新世界出版社，2014，第1492～1493页。
⑤ 陆思贤、李迪：《天文考古通论》，紫禁城出版社，2005，第87页。

不同，因此可由盛行风向来判定季节，而季节与历法相关。①

良渚文化的先民以鸟为图腾。《拾遗记》的记载与良渚玉璧上的“鸟立高台”图像具有高度的相似性。根据考古发现和文献记载可推断，良渚玉璧上的鸟立高台图像（本文将它称为“玉鸠”图像）中的玉鸠，是良渚时期祭祀用的一种器具，与季节判定、制定历法相关，也具备测风的功能。它比大汶口文化背壶上的“太阳鸟”图腾柱雕刻更为精美。王鹏飞认为，良渚玉鸠就是我国最早的风向标。②

二 世界上最早科学分析气候变化的科学家是钱塘人沈括

沈括（1031～1095）是北宋时期的政治家、科学家，字存中，钱塘（今杭州）人，精通天文气象，其所著《梦溪笔谈》28卷，被英国剑桥大学教授李约瑟称为“中国科学史上的里程碑”，同时沈括也被其评价为中国整部科学史上最卓越的人物。③他在气象方面的贡献主要是研究气候变迁、记录特殊天气现象、预报天气等，如他根据发现的延州（今延安）永宁关竹化石，推断出古代延州气候“地卑气湿而宜竹”④，根据化石推断出古今气候的变迁，这种认识和见解是远超前人的，他是世界上最早对气候变化作出科学分析和判断的科学家。⑤他还根据“温州雁荡山，天下奇秀，然自古图牒，未尝有言者”，以及谢灵运任永嘉太守时，也没有提到有这座山，断定东晋时还未有雁荡之名，并推断雁荡山的成因是长期流水侵蚀。

沈括还运用中国古代朴素的辩证唯物主义理论“五运六气”，对雨的预报做出正确的解释，如熙宁中河南开封（京城）出现久旱，京城的人民求雨，连续出现几个阴天后，大家都以为肯定会下雨，没想到又出现炎炎烈日。为此，皇帝问大臣，什么时候能下雨呢？沈括说明天就会有雨。大臣们都不信，连阴几天都没下雨，现在天正炎热干燥，怎么会有希望得雨呢？

① 王鹏飞：《王鹏飞气象史文选》，气象出版社，2001，第86页。
② 王鹏飞：《王鹏飞气象史文选》，气象出版社，2001，第385页。
③ 〔英〕李约瑟：《中国科学技术史》第1卷，导论，《中国科学技术史》翻译小组译，科学出版社、上海古籍出版社，1990，第140页。
④ （北宋）沈括：《梦溪笔谈》卷二十一，商务印书馆，1937，第142页。
⑤ 温克刚主编《中国气象史》，气象出版社，2004，第211页。

可是，第二天，果然像沈括说的那样，下起了大雨。“后日骤晴者，燥金入候，厥阴当折，则太阴得伸，明日运气皆顺，以是知其必雨。”[①] 沈括在书中对这次降水过程的解释与现代预报降水的思路是基本一致的，即考虑降水之前通常有一次冷暖气团交锋的过程。

沈括还详细记载了雷暴、龙卷风等异常天气。熙宁九年（1076），发生在恩州武城县（今山东省）的龙卷风，其破坏力之大，将整个县城毁于一旦，县城只能迁址。“望之插天如羊角，大木尽拔……乃经县城，官舍民居略尽，悉卷入云中。县城悉为丘墟，遂移今县。”[②]

沈括还详细分析了不同海拔上气候的差异，分析了平地和深山物候的不同：“如平地三月花者，深山中则四月花。”[③] 沈括引用白居易的诗，说明气温在垂直高度上的变化，造成了物候上的维度变化。

三　我国现存最古老的天文台图为南宋吴山的清台图

南宋迁都杭州后，陆续开展政权标志性建筑的选择与建设。南宋政府将南宋太史局建在吴山，把具体观察天象、气象的崇天台建在吴山之巅，称为“清台”。

南宋清台的建设颇具故事性，多次损毁，又多次重建。绍兴十四年（1144），清台由秦桧、邵谔负责建设，到绍兴三十二年（1162）才建成。[④] 绍定四年（1231），清台遭遇火灾被焚毁（史称“临安大火”），此后迟迟未予修复。嘉熙二年（1238），朝廷决定重修已经损毁多年的清台，由秘书监李心传负责维修，嘉熙三年（1239）修复。德祐元年（1275），清台复遭火灾被损毁，后又修复。元至正十五年（1355）前后，江浙行省左丞相达识帖木儿重建南宋清台，元末再次遭到损毁。明天顺六年（1462），道士吴志中重建，成化甲申大火，诸庙皆被毁。[⑤] 明万历年间，清台旧址立一“观星台”碑[⑥]，

---

① （北宋）沈括：《梦溪笔谈》卷二十一，商务印书馆，1937，第47页。
② （北宋）沈括：《梦溪笔谈》卷二十一，商务印书馆，1937，第145页。
③ （北宋）沈括：《梦溪笔谈》卷二十一，商务印书馆，1937，第177页。
④ 陈晓中、张淑莉：《中国古代天文机构与天文教育》，中国科学技术出版社，2008，第106页。
⑤ （明）田汝成辑撰《西湖游览志》卷十二，中华书局，2008，影印本。
⑥ 根据现存杭州碑林的“观星台”碑记载的时间，确定此碑建于明代万历年间。

该碑目前存放在杭州碑林。

在南宋清台的建设历史中，嘉熙二年的这次维修与中国古代气象学家秦九韶有着密切的联系。嘉熙二年，秦九韶从四川回临安丁父忧，曾协助秘书监李心传修复清台。[①] 秦九韶在《数书九章》卷十四的“计作清台”题有一幅珍贵的清台图，这是为计算建台所需土方作的例题[②]，我们有理由相信，这并非秦九韶随意绘制的草图。李迪认为，这是我国现存最古老的天文台图。[③] 关于这幅图与南宋吴山清台的关系，郭世荣认为，书中所绘清台图，虽然不一定（与吴山清台）完全相同但不会相差太远。[④] 杨国选认为，此图与当年在吴山所建清台图形基本一致。[⑤]

笔者多方查阅资料，结合秦九韶生平，认同杨国选的考证，书中所绘清台图，即为吴山清台手绘草图，我们也由此能略见当年南宋清台的风姿。

四 我国现存最早的气象手稿日记为《客杭日记》

现存上海图书馆的《客杭日记》手稿，是元代书画家郭天锡的传世墨迹，是目前可知的最早的日记手稿。[⑥] 日记作于元至大元年（1308）九月初一日至次年二月初十日，其逐日记录阴晴寒暑、交游见闻、杭州名胜古迹、风土人情等事况，该日记也是目前可知的最早的气象手稿日记。

郭畀，字天锡，元代书画家，元至大元年（1308），为谋求镇江儒学学正官职，来杭州听选（明清对已授职而等候选用者之称）。他托人情、写状子，每天往来于官场，辛苦奔走，最后却一无所获，但是他不经意记录的天气情况，却是非常珍贵的杭州气象史料。如：廿二日（元至大元年戊申九月廿二日）四更，到杭州城外，霜月漫天，寒气逼人。三十日（元至大元年戊申九月三十日），阴，客杭……晚雨喧甚，夜雨生寒。元朝末期所在的14世纪，正是我国历史上出现严冬次数最多的时期。1308

① 杨国选：《秦九韶生平考》，四川大学出版社，2017，第126~130页。
② （南宋）秦九韶：《数书九章》第14卷，商务印书馆，1937，第345~347页。
③ 李迪编著《中国数学史简编》，辽宁人民出版社，1984，第166页。
④ 郭世荣：《对“计作清台”题的探讨》，《内蒙古师范大学报》（自然科学版）1988第4期。
⑤ 杨国选：《秦九韶生平考》，四川大学出版社，2017，第129页。
⑥ 邹瑞玥：《中国现存最早日记手稿亮相上海》，《东方收藏》2014年第12期。

年9月至1309年2月，日记对严寒天气也有所记载，这是研究元代杭州天气的重要参考。

五 我国海洋长期天气预报开始于明代中叶的佐证是《元明事类钞》

姚之骃（生卒年月不详，清代康熙六十年进士），钱塘（今杭州）人，摘取元明诸书，分门编纂，汇编成《元明事类钞》①，书中曾引王世贞的话："倭舶之来，恒在清明之后，前乎此，风候不准，清明后方多东北风……过十月风自西北来，亦非所利。故防海者以三、四、五月为大汛，九、十月为小汛。"② 洪世年、刘昭民认为，这段文字说明，早在明代中叶，我国对海上季风的预测已有了较丰富的经验，已经能根据海上季风的活动规律来判断倭寇的进犯时间。洪刘二人判定，这是我国海洋占候记载的开始，是我国最早的海洋长期天气预报。③

明神宗万历年间的兵部侍郎殷都，曾著《日本犯华考》，书中介绍了倭寇犯华的主要特点，从中也可分析出中日之间海路交通线与风向、季节之间的关系。倭寇犯华主要集中在每年的三、四、五月以及九、十月，这两个时间段的共同特点是东北风盛行，有利于海上航行。④ 这一结论与"防海者以三、四、五月为大汛，九、十月为小汛"的结论基本相同。

六 我国最早记载方形测雨器和蒸发器的史料出自《测圆图解》

戴源，钱塘（今杭州）人，在其所著《测圆图解》⑤"测一岁内雨水消长法"一节中，详细介绍了方测雨器和方蒸发器规格、构造和测量方法。关于测雨器的规格和用法如下。用铜或锡做一个方形的器具，高三尺，长

① 中国历史大辞典·史学史卷编纂委员会编《中国历史大辞典·史学史卷》，上海辞书出版社，1983，第49页。

② （清）姚之骃撰《元明事类钞》，上海古籍出版社，1993，第10页。

③ 洪世年、刘昭民编著《中国古代气象史（近代前）》，中国科学技术出版社，2006，第196~197。

④ 陈先教：《明万历年间中日海路交通线研究：以〈日本犯华考〉为中心》，《陕西社会科学论丛》2012年第2期。

⑤ 此书为抄本，不分卷，现存浙江图书馆。

宽不限，底部开一个小孔，安置一个小铜管，用木头塞住，以防渗漏。另外做一个小器皿，长宽三寸，高一寸。将大的器具放在院子空旷的地方。如遇雨天，则根据积水情况判定，如遇积水过满，则拔去木塞。用小器皿量积水的多少。关于蒸发器的规格和用法：又制方形器具一个，长宽高与前同，但底部不开孔，也放置在院子空阔的地方。把水注满，使其与口平。如遇雨天则以木板遮盖，以免雨水入内。另制作铜尺一把，长度与蒸发器之高度相同，并均匀分作三十寸，每寸又均匀分作十份。半月或者一月，用尺子量蒸发器水的位置，每次记蒸发器内水浅去的尺寸。如果蒸发器水干去一半，就再把水加满，再量，并逐次记清。如何放置两台仪器，也有介绍：两个器具都放置在高木架上，架高二尺，平稳放置，不能倾斜动摇。关于如何测定一地水旱收支，《测圆图解》给出的方法是：每个季度将测雨器所记的雨水总的尺寸，蒸发器所蒸发（干去）的水分的尺寸进行比较，这个地方的旱涝收支情况如何就非常清楚了。

现代的测雨器、蒸发器均以圆形为主，制作成方形非常少见。同时，古代历史文献提及气象仪器的内容不多，像《测圆图解》这般如此详尽介绍仪器规格和使用方法的，目前尚未发现。王鹏飞认为，戴源所记载的方测雨器和方蒸发器，在我国气象仪器史中具有十分重要的意义，填补了我国古代气象仪器史的空白。① 这套仪器的用途，《测圆图解》中已经有了详细的说明，即准确测定一地的旱涝收支情况。对这套气象仪器的由来，王鹏飞专门做过考证，认定该套仪器为法国引进，系乾隆年间法国传教士哥比、阿弥倭来北京开展气象观测时引入中国，但戴源所记载的仪器应当已经做了较大的改进，明显具有中国特色。

七　我国保存清代晴雨录资料序列最长的四个城市之一包括杭州

在中国第一历史档案馆里保存的清代晴雨录档案中，北京、杭州、苏州、江宁（南京）保留有较长时间序列的晴雨录记录。北京晴雨录，康熙年间不连续，仅有康熙十一年（1672）和康熙十九年（1680）的记录，持续记录时段为雍正二年（1724）至光绪三十年（1904），长达 180 年，但中

① 王鹏飞：《王鹏飞气象史文选》，气象出版社，2001，第 284 页。

间缺漏6年，实际为174年。苏州晴雨录从乾隆元年至道光元年（1736～1821年），缺嘉庆十二年至嘉庆十四年（1807～1809年）、嘉庆十六年至嘉庆十八年（1811～1813年）以及嘉庆二十一年（1816）记录，乾隆元年等40个年份缺月。江宁晴雨录从雍正九年至乾隆四十三年（1731～1778年），雍正九年等25个年份缺月。杭州晴雨录从雍正元年至乾隆三十八年（1723～1773年），缺雍正十三年（1735）、乾隆三十六年（1771）、乾隆三十七年（1772）记录，雍正元年（1723）等19个年份缺月。

四地晴雨录虽有相同之处，但也有较大差别。北京晴雨录（即钦天监奏报的晴雨录）虽然持续时间最长，但记载最为简洁，不记夜间天气现象，也不记载风向，但降水的记录较为详细，有起讫时间。江宁晴雨录风向记载四个方位，不记夜间天气现象，如雍正九年（1731）十一月初一记载："西北风，早雨即止，午刻转西南风。"这里没有夜间天气的记录，只在出现降水的时候才有"夜微雨、晚微雨、夜复雨"等记载。降水的起讫时刻记载较模糊，仅用"夜、晨、午"等模糊时辰记录，甚至用"雨数次""雨竟夜"等记载。如乾隆元年（1736）正月二十九日记载："阴，东北风，晚微雨。"乾隆十二年（1747）十二月十三日记载："阴，东北风，雨竟夜。"是月十五日记载："阴，东北风，晨微雪，晚复微雪。"江宁记录也存在后期记录逐渐简化等情况，如雍正九年十一月的记录中，多次出现"雾"的记载，如：十一月初六日，"晴，西南风，晚雾"；十一月初九日，"晴，早雾，西北风"；十一月初十日，"晴，早雾，西南风"。在之后的记录中，少见对"雾"的记载。

苏州、杭州天气记录较为相似，如两地记录均较详细，不仅记载夜间天气现象，对于降水的记录，以十二时辰记载起讫时间。但也有差别。首先，在风向观测记录上，杭州记载8个方位，苏州只记载4个方位。其次，从观测规范的前后调整上，苏州前后调整不明显，杭州前后调整则非常明显。乾隆十二年前，杭州与苏州晴雨录差别不大，但从乾隆十二年开始，杭州对天气的记载非常详细，特别是对降水的记载，详细记录了一天当中的每一段降水起讫时刻及降水间歇期的天气情况。但乾隆二十年（1755）之后，杭州晴雨录奏报又逐渐简化，流于形式。

八　中国较早开设现代气象课程的学校是杭州蚕学馆

光绪二十三年（1897），杭州知府林启在杭州创办蚕学馆，馆址设在西湖金沙港原关帝庙和怡贤亲王祠址，占地 30 余亩，于光绪二十四年（1898）三月三十一日开学。蚕学馆初创时，均参照日本的教学设施和学科设置，教课用书也引自日本，所设课程模仿日本同类学校开设。从蚕学馆所列教育大纲来看，其教学内容包括基础理论课和蚕业专业课两大类，具体设置的课程有动物学、植物学、物理学、数学、气象学、养蚕法等 19 门课程，分两个学年完成，其中气象学安排在第二学年，总授课为 76 个课时。

杭州蚕学馆开中国蚕丝业教育的先河①，用近代蚕业科学技术进行教学，同时结合中国蚕丝生产实际状况，开展蚕业科学研究活动，气象学首次作为一门学科正式走进课堂，并在蚕业生产中发挥重要作用，科学养蚕成为新风尚。为减少民间养蚕的病瘟，使农户用新法养蚕，林启曾建议由当局购进日本寒暑表，由养蚕农户零星购买。之后，为推广养蚕新法，蚕学馆建议，凡是养蚕之家欲使蚕房内温湿适宜，必须先购买华氏温、湿二表。可见当时在推广养蚕新法的过程中，无论是蚕学馆的学员还是蚕农，都已经利用温湿度计开展科学养蚕了。

九　我国最早的女性气象仪器发明家为清代钱塘人黄履

清代钱塘人陈文述在《西泠闺咏》中介绍清代女科学家黄履“做寒暑表，与学见者迥别”②。黄履发明的寒暑表至今已无留存，到底是什么已无可考。王锦光认为，黄履发明的寒暑表应是装有水银的液体温度计。③ 李迪也认为其并非空气温度计④，他认为黄履是目前已知的我国第一个独立制成

---

① 董伟丽：《浙江蚕学馆与中国近代蚕业科技的发展》，硕士学位论文，浙江大学，2006，第 1 页。

② 王国平主编《西湖文献集成（第 27 册）：西泠闺咏》，杭州出版社，2004，第 287 页。

③ 王锦光：《清代女科学家——黄履》，《科学画报》1963 年第 3 期。

④ 李迪：《中国古代关于气象仪器的发明》，《大气科学》1978 年第 1 期。

液体温度计的发明家。[①] 笔者认为，清代女性地位不高，很难有机会了解各地情况，她发明的液体温度计应当为独立发明。

黄履（1796～1870），字颖卿，仁和（今杭州）人。她共发明了两件仪器，一是千里镜，二是寒暑表。她设计制作的千里镜，把望远镜和取景器的结构原理联合考虑，利用感光片可摄取几里以外的景观，是现代天文照相术的先驱。她发明的千里镜，目前由杭州高氏照相机博物馆收藏，至今尚能取景、观物，是杭州高氏照相机博物馆的镇馆之宝。笔者在走访杭州高氏照相机博物馆馆长高继生时，曾经共同讨论过黄履发明的“寒暑表”，并现场演示可能的用途，推断黄履所发明的寒暑表应是水银温度计，发明寒暑表应主要用于造相术。

十　我国最早的近现代航空气象台为笕桥国民政府中央航空学校气象台

杭州笕桥因蚕茧闻名，更因它曾是中国最先进的空军军事教育基地、中国现代航空教育的摇篮以及从这里走出的一批批航空骄子而闻名，这里也曾建成中国最先进的航空气象台。

设在杭州笕桥的中央航空学校前身为南京中央陆军军官学校航空训练队，于民国21年（1932）6月正式成立。[②]

中央航空学校组织机构健全、教官编制充裕、教育教学设备先进，气象台就是其下设机构之一。为飞行训练需要，中央航空学校设立气象组，1934年经航空署批准设立气象台。1934年4月3日，笕桥中央航校校长毛邦初致信竺可桢：“敝校气象台自成立以来，装置设备俱采最新式，在国内尚不多见……”[③] 由此可见，该气象台装备上的现代化程度是极高的。不仅如此，其人员配置也是一流的，首任台长由留日的通信学博士胡信兼任。民国25年（1936）10月，经竺可桢先生推荐，国民政府航空委员会选派德国柏林大学气象学博士刘衍淮到中央航空学校任航空气象学教官并兼任航校气象台台长。可以说，这是我国最早的现代化水平较高的航空气象台。航校气象台承担日常地面气象观测、高空气球测风以及不定期的飞机高空

① 李迪：《中国历史上杰出的科学家和能工巧匠》，内蒙古人民出版社，1978，第153页。
② 麻碧华：《民国时期浙江气象机构的考证》，《气象科技进展》2020年第6期。
③ 竺可桢：《竺可桢全集》（第22卷），上海科技教育出版社，2012，第677页。

探测任务，为航校飞行训练提供航站、航线气象情报服务。

民国 26 年（1937）8 月 15 日，因日军轰炸笕桥机场，航校气象台人员随航校西迁。抗日战争胜利后，气象台曾迁回杭州笕桥。1948 年冬，航校迁往台湾岗山，但气象台仍保留，杭州解放时由华东空军气象处接管。

史料钩沉

《红楼梦》中的气象灾害浅谈

刘　浩*

摘　要：本文从文本出发，从气象角度对《红楼梦》第五十三回乌进孝口中提及的三类气象灾害［暴雪、暴雨洪涝（连阴雨）、冰雹］进行了研究。结果表明，暴雪的降雪量、降雪深度均偏大，降雨的初始、结束时间与东北地区的降雨月份较吻合，但持续时间被夸大，降雹的月份、冰雹的大小均不能证其伪，但降雹路径跨度太大。乌进孝所说虚实参半，《红楼梦》中的气象灾害是真实存在的，但程度被夸大。

关键词：乌进孝　气象灾害　《红楼梦》　暴雪　冰雹

《红楼梦》是古代社会的百科全书，园林、建筑、诗词、美食等生活的方方面面均有涉及。就气象领域而言，作者对天气现象的观察和描写细致入微，风、雨、雪、霰皆在书中得到了展现。[①] 天气现象虽美，但过犹不及：久雨生涝，不雨则旱；久雪成灾，雪多必害。也就是说，如果天气出现极度异常，就容易引发严重的气象灾害。历史上，我国气象灾害种类多、频次高、范围广，正史和方志中专辟“五行志”（或曰“灾异志”“天象志”）进行记录。明清时期，随着通俗文学的勃兴，关于气象灾害的描写也进入了小说中，如《三国演义》第一回中提到了建宁二年四月十五日京城洛阳的大风、雷雨、冰雹等强对流天气[②]，《西游记》第八十七回描写了天竺国风仙郡连年不雨、河水干涸、农田荒芜等关于旱灾的场景[③]，《聊斋志

---

* 刘浩，河北省气象灾害防御和环境气象中心。

① 刘浩、刘庆爱、郭丽丽：《〈红楼梦〉中的万千气象》，《气象知识》2019 年第 4 期。

② （明）罗贯中：《三国演义》，人民文学出版社，2005，第 1 ~ 2 页。

③ （明）吴承恩：《西游记》，人民文学出版社，2005，第 1047 页。

异》卷一中有雹神李左车在章丘（今山东济南市章丘区）降雹的情节[①]，《聊斋志异》卷四中描写了长江中一次水龙卷的发生、发展和消亡过程[②]，等等。目前已有多位学者对明清小说中的自然灾害（包括气象灾害）进行了研究，伏漫戈对明代话本小说中的水、旱、蝗、潮等自然灾害的类型、应对措施和书写动机等进行了探讨[③]，王家龙对《金瓶梅》中涉及的水、雪、风、旱4类6处气象灾害的真实性进行了考证并分析了自然灾害书写的价值[④]，祁浩南对《聊斋志异》中的水、雹等气象灾害的描写进行了分析，肯定了其史料价值。[⑤] 上述研究多集中于灾害的描写、虚实的考证、产生的社会影响、在小说中产生的作用等方面，对小说中致灾因子的研究尚有欠缺，此外，对《红楼梦》中气象灾害的研究尚属空白。鉴于此，本人从文本出发，结合大气科学相关知识，对《红楼梦》中的暴雪、暴雨洪涝、冰雹三种气象灾害进行研究。

《红楼梦》中关于气象灾害的段落出现在“除夕祭宗祠”一回。原文如下：

> 乌进孝道：“回爷的话，今年雪大，外头都是四五尺深的雪，前日忽然一暖一化，路上竟难走的很，耽搁了几日。虽走了一个月零两日，因日子有限了，怕爷心焦，可不赶着来了。”贾珍道：“我说呢，怎么今儿才来。我才看那单子上，今年你这老货又来打擂台来了。”乌进孝忙进前了两步，回道：“回爷说，今年年成实在不好。从三月下雨起，接接连连直到八月，竟没有一连晴过五日。九月里一场碗大的雹子，方近一千三百里地，连人带房并牲口粮食，打伤了上千上万的，所以才这样。小的并不敢说谎。”贾珍皱眉道：“我算定了你至少也有五千两银子来，这够作什么的！如今你们一共只剩了八九个庄子，今年倒有两处报了旱涝，你们又打擂台，真真是又教别过年了。”（《红楼梦》

---

① （清）蒲松龄：《全本新注聊斋志异》，人民文学出版社，1989，第53页。

② （清）蒲松龄：《全本新注聊斋志异》，人民文学出版社，1989，第539页。

③ 伏漫戈：《明代话本小说中自然灾害的书写》，《农业考古》2018年第1期。

④ 王家龙：《看似真实的自然灾害：也谈〈金瓶梅〉的虚实问题》，《汉江师范学院学报》2020年第1期。

⑤ 祁浩南：《〈聊斋志异〉中的自然灾害史料研究》，《赤峰学院学报》（哲学社会科学版）2019年第7期。

第五十三回[①])

时值年底，贾府内外上下都在忙年。黑山村（贾府在京外的庄园之一）的乌庄头名进孝者姗姗来迟。贾珍心中非常不悦，一是嫌乌进孝来得迟，二是嫌账单上东西少。乌进孝自知理亏，寒暄几句后就开始为自己辩解。来得迟，是因为进京之路先是被暴雪拥塞，而后天气骤暖，道路泥泞不堪，进而影响了货物的运送。东西少，是因为年内接连遭受了暴雨洪涝（或连阴雨）、冰雹等气象灾害的侵扰，农牧产品严重减产。乌进孝拿天灾当挡箭牌，贾珍虽然心里将信将疑，终究也无可奈何。

乌进孝谐音“无尽孝”，似乎作者是在向读者们暗示，乌进孝之语不可全信，他有谎报灾情、中饱私囊之嫌，即，通过故意夸大受灾的程度而达到减少贡品种类和数量的目的。笔者认为，乌进孝虽有夸大灾情之嫌，断无无中生有之胆，用非实即虚的二分法来看待此事未免太过武断。具体而言，乌进孝所提及的气象灾害（如暴雪、暴雨洪涝、冰雹等）在小说中应该是真实存在的，只不过乌进孝将灾害严重程度和灾情损失进行了夸张罢了。下文就依次分析一下乌进孝提到的几种气象灾害。

一　暴雪

乌进孝说，外头的雪有“四五尺深”。清代的官尺为营造尺，其长度1尺等于32厘米[②]，如此算来，道路上的积雪深度应该在128～160厘米，接近成年人的身高了，这样的道路是根本无法通行的。由此可见，乌进孝之言确实有夸大其词的成分。笔者猜测，进京道路上的积雪并非处处都有“四五尺深”，乌进孝故意把积雪最大处的深度告诉贾珍，以求得贾珍的同情和谅解，其奸猾之性格呼之欲出。

古人通过积雪深度来形容雪的多少，但由于雪的干湿程度、气温和地表温度等差异，同样质量的雪花降落到地上，其积雪深度有很大差别。以石家庄地区为例，初冬时节该地区的气温和地表温度尚高，如果降雪落地，大概率会融化成水，此时的雪深为0，但不代表无降雪。此外，干雪对应的

---

① （清）曹雪芹、（清）高鹗：《红楼梦》，人民文学出版社，2005，第721页。

② 丘光明、邱隆、杨平：《中国科学技术史·度量衡卷》，科学出版社，2001，第432页。

积雪深度比湿雪更大。简而言之，用积雪深度来估测降雪量虽然直观，但由于干扰因素过多，误差太大。现代气象预报和气象观测中一般用降雪量（用一定标准的容器，将收集到的雪融化后测量出的量度）来定义雪的大小。按照气象行业的标准，暴雪是指 24 小时降雪量≥10.0 毫米，或者 12 小时降雪量≥6.0 毫米的降雪天气过程。[①]“四五尺深”的积雪换算成降雪量就是 182～228 毫米，是暴雪标准的很多倍！当然，道路上的积雪不太可能是 24 小时内的降雪，很可能是一次降雪过程（数日）的累积量，也可能是多次降雪过程的叠加。不管怎么说，乌进孝口中的雪确实太大，难逃夸大其词之嫌。

适量的降雪可以保持土壤地温、提高土壤肥力、抑制土壤中病虫害的发生，融雪过程中还可以增加土壤含水量，缓解土壤墒情。但如果遇到乌进孝口中的大暴雪，肯定会对农业、畜牧业、交通运输业以及民众生命财产安全造成严重的损失。

二　暴雨洪涝（连阴雨）

暴雨洪涝是我国夏季常见的气象灾害，连阴雨则多发生在春、秋季，对农作物生长和收获造成很大影响。在气象业务中，暴雨是指 12 小时内降水量在 30～69.9 毫米的降水。连阴雨的定义和标准因地而异，通俗而言，连阴雨是指连续数天的阴雨天气过程。乌进孝的原意是庄上遇到了持续性的降水，故而其所述现象包含了暴雨洪涝和连阴雨两种气象灾害。

通过乌进孝给宁国府进贡的物品详单（其中包含了鹿、獐子、鱼、海参和大米等）和进京所需的时间，可以推测宁国府的庄园黑山村大致在我国东北一带并且离海边很近。现代研究表明，阳历 5～9 月东北地区的降水以液态（雨）为主[②]，同时该时期又是农作物的主要生长期，降水多少直接影响粮食的产量。乌进孝也说，三月到八月（农历）间阴雨不断，当年年成不好，看来连续的降雨的确影响了庄园里农作物的收成。从气象角度看，天气形势瞬息万变，暴雨或持续性降水的形成需要满足充分的水汽供应、

---

① 《中华人民共和国国家标准——降水量等级》，中国标准出版社，2012，第 2 页。

② 张杰、钱维宏、丁婷：《东北地区 5—9 月降水特征和趋势分析》，《气象》2010 年第 8 期。

强烈的上升运动、较长的持续时间等多方面的条件，从农历三月到八月接连6个月的天气形势不可能一直维持不变，持续6个月的阴雨天气并不现实，从降水角度可知，乌进孝关于降水的持续时间有夸张的成分。从降水落区上看，东北地区的降水中心在辽宁东北部和吉林东南部，该区域位于长白山山脉的迎风坡，离黄海和日本海较近。暖湿气流在夏季风的推动下从海上源源不断地吹来，在地形抬升的作用下，十分容易产生暴雨。山、海、雨这些自然要素与庄园的物产十分吻合，说明曹雪芹笔下的黑山村并非乌有之乡，而是有原型可寻的，这也印证了笔者关于庄园位置的推断。

三 冰雹

冰雹是体积较大的固态降水，常呈球形或锥形，直径最大者可达数十毫米并且质地坚硬。冰雹常与大风、暴雨、雷电等灾害性天气同时出现，不仅会对农作物、果树、建筑物等造成严重损伤，还会对人畜安全造成严重威胁。从原文中可以得到这次雹灾的如下信息：雹灾发生于当年的九月（农历）；冰雹的个头比较大，有碗口大小；此次强对流天气所引发的雹灾范围比较大，跨度接近1300里；受灾情况比较严重，农作物、建筑物遭受了严重破坏，致使成千上万的人畜伤亡。

《红楼梦》“太虚幻境”的对联中提到“假作真时真亦假，无为有处有还无”，书中虚虚实实，真真假假，趣味无穷。笔者认为，乌进孝关于雹灾的言语也是有真有假，读者需仔细分辨。现代研究结果表明，东北地区的雹灾多发生在阳历4～9月，在初夏时节（阳历6月）发生的频率最高。①纵然明清之际的气候与现在有些许差别，但农历九月发生这么严重的雹灾也是小概率事件，属于比较异常的天气现象。东北地区的雹灾大多发生在长白山山区和大兴安岭山区，这与降水中心的位置有吻合之处。冰雹如碗口大小者虽不常见，但在清代的地方志中也有不少记载。如：康熙《香河县志》载，康熙五年六月，天阴，黑云四合，疾风暴雨，冰雹大注，平地

① 赵金涛、岳耀杰、王静爱等：《1950—2009年中国大陆地区冰雹灾害的时空格局分析》，《中国农业气象》2015年第1期。

深数尺，大者如碗，田禾尽伤，屋瓦皆碎①；乾隆《新乐县志》载，康熙五十五年五月二十日雨雹，大者如碗，深二寸。② 冰雹的大小与冰雹云中上升气流的强弱有直接关系，由于上升气流在水平方向的差异较大，一次降雹过程中的冰雹大小也有很大差别，由此观之，乌进孝所说的“碗大的雹子”很可能是指该次降雹中最大者，而非普遍情况。降雹区一般呈带状，宽度一般在几十米到几千米，长度可达几十千米，俗语称之为“雹打一条线”。乌进孝说冰雹路径长“近一千三百里”，该长度接近辽宁和吉林两省的南北跨度，很明显是言过其实了。降雹范围既然为虚，致灾情况必不属实。真实情况可能是离得较远的两个地区都发生过雹灾，两者既不是同一个时间，也不是同一次过程，乌进孝硬把两起灾害事件编排到一起，夸大了雹灾的发生区域范围和灾情严重程度。

综上所述，从发生时间上看，《红楼梦》中暴雪、暴雨洪涝（连阴雨）、冰雹等乌进孝提及的气象灾害状况与我国东北地区气象灾害的发生特点比较接近，《红楼梦》中的气象灾害可能是真实存在的，从量级上看，暴雪、暴雨洪涝（连阴雨）、冰雹等气象灾害都有夸大的成分。

① 张德二主编《中国三千年气象记录总集》第3册，凤凰出版社、江苏教育出版社，2004，第1817页。

② 张德二主编《中国三千年气象记录总集》第3册，凤凰出版社、江苏教育出版社，2004，第2156页。

抗战中的气象研究所叙事

——以竺可桢日记为中心

王雪阳*

摘　要：“卢沟桥事变”爆发后的抗战期间，兼任气象研究所所长的竺可桢在日记中，记录了大量关于气象研究所所址搬迁、人事变动、科研成就及测候所建设的情况，并提到若干原来不为人所注意的事件细节，为客观复原气象研究所在抗战时期的发展和变迁提供了史实依据。

关键词：竺可桢　气象研究所　气象史

竺可桢（1890～1974），中国近代气象学家、地理学家、教育家，浙江大学原校长。竺可桢在哈佛大学求学时期，就有记日记的习惯。现存的竺可桢日记，从1936年开始，一直持续到他去世前一日1974年2月6日，总字数有1300多万字。竺可桢日记时间跨度长，涉及范围广，笔下人物多。“卢沟桥事变”爆发后的抗战期间，竺可桢兼任气象研究所所长，他的日记中有很多关于气象研究所的实录。本文将这些记录整理出来，并与其他史料相对照，展现了抗战时期气象研究所的发展和变迁。

一　气象研究所的西迁

1928年6月，中央研究院正式成立，下设8个研究所，气象研究所为8所之一。气象研究所选南京钦天监为所址，在山顶北极阁原址建气象台。

* 王雪阳，浙江省绍兴市气象局。

（一）撤离南京

1937年“卢沟桥事变”爆发后，日军于8月15日起空袭南京。据竺可桢日记记载，8月16日“据硕民云始知昨飞机袭南京，来炸故宫、飞机场”，8月19日“六点二十分将回寓，适又警报，倭寇来犯……见三敌机自西北向东南掠山而过，各方高射炮四起，但无击中。在城外又投弹。同时西北又来三架，更低更近，高射炮亦无一中者。忽一弹下，中央大学屋顶被毁，所中窗破。余等知在台上之危险，而急奔至地下地震室中”。气象研究所遂有迁所之议。8月20日早上8时，竺可桢召开气象研究所所务会议，决定将所内职员先迁往金陵女子大学，“余报告昨日经过，足知北极阁顶上不可复留，故决计今日一部分职员移往金陵女大，并派楚白、宝堃及逸云三人前与吴贻芳交涉全部职员能移入”。之后南京空袭愈烈，9月2日，气象研究所除天气预报和观测部分人员留守南京，所内其他人员乘船迁往汉口。据9月3日竺可桢日记：“得何元晋函，知渠等于昨日已乘三北公司龙兴轮赴汉口，一行十二人。留幺振声、陈学溶、曾广琼、卢温甫等于京。”[①] 11月23日，最后一批留守人员亦从南京撤离。

（二）迁往重庆

12月，全所人员在武汉集中后，又随中央研究院分批迁往重庆。1938年1月29日，竺可桢在武汉晤朱家骅，谈及迁所之事，朱家骅“颇主张气象所概移昆明”，竺可桢则认为“研究所移川移滇只求其能安心工作，但天气预报则应在汉口，以各航空机关多以汉口为中心也”。2月28日，中研院院务会议在香港召开，确定了各所的迁移地，议定“气象留重庆”。

气象研究所在1938年初迁到重庆时，曾在重庆通远门外兴隆街一带暂驻。3月14日起，该所与中央研究院总办事处共同租住重庆曾家岩颖庐，所内日常工作得以恢复。4月19日竺可桢日记记载：“并至通远门外兴隆街十九号一转……气象所于本年年初曾留居二个月，至三月十四始移曾家岩云”，4月16日日记：“曾家岩在重庆之西北，离城五六里之谱”。[②]

---

① 竺可桢：《竺可桢全集》（第6卷），上海科技教育出版社，2005，第352～363页。

② 竺可桢：《竺可桢全集》（第6卷），上海科技教育出版社，2005，第462～505页。

（三）定居北碚

此后，关于气象研究所的办公地，中央研究院又有昆明和重庆北碚的讨论。竺可桢原倾向于迁往昆明，但囿于经费拮据，最终决定迁往北碚。1939 年 4 月 11 日，竺可桢写信给时任中央研究院总干事任鸿隽和气象研究所代理所长吕炯商讨此事，“作函与叔永及蕴明，为气象研究所迁滇与迁北碚事。余以迁昆明为上策，但如因所中存款尚不及抵运费，则迁北碚亦行。在重庆不迁而将书籍存贮一处，不打开箱而使霉烂，斯为下策矣”。5 月 13 日，“气象研究所迁北碚”①。

迁至北碚后，因房屋促狭，不利于开展所内工作，建筑新屋提上议程。1940 年 3 月 24 日，竺可桢日记中写道：“所移渝二载，书籍迄未打开，房子亦未着手建筑。” 4 月 8 日，位于水井湾的气象研究所新址的建筑合同终于签订，“华中营造厂刘霖（坤元）经理及副经理朱学新来。该公司在上清寺学田湾锡村计承包水井湾之屋……言明八月十五完工，四期付款。……说定后即于今日拟定合同，月内平土，五月一号起动工”。施工过程中，又增加了食堂、浴室等建筑，所以工期有所迁延，到 10 月 26 日，竺可桢赴实地察看，大部分房屋已落成，“后至水井湾看新建之气象所屋，计有职员单人宿舍、图书馆已经落成，膳厅、浴室、职员住宅与办公室亦将就绪”。10 月 31 日，竺可桢在全所会议中提出“新建之屋应早日搬去，定于十二月一日全所移往”。11 月 21 日，竺可桢为新建气象研究所所在地命名，名为象山，“刘福泰来，携至水井湾山上，因张家沱气象研究所之屋名为象庄，余拟名水井湾之山为象山”②。1941 年 2 月 18 日竺可桢再赴北碚时，气象研究所已移入新址，“膳后偕行至象山气象所，见全所已迁入”③。此后，气象研究所便一直驻北碚直至抗战结束。

二 气象研究所所长

气象研究所在 1928 年成立之初，即由竺可桢担任所长。到 1936 年，因

---

① 竺可桢：《竺可桢全集》（第 7 卷），上海科技教育出版社，2005，第 67～87 页。

② 竺可桢：《竺可桢全集》（第 7 卷），上海科技教育出版社，2005，第 323～485 页。

③ 竺可桢：《竺可桢全集》（第 8 卷），上海科技教育出版社，2006，第 23 页。

浙江大学发生“人事异动”，46 岁的竺可桢受命执掌浙大，兼任气象研究所所长，并由所内研究员吕炯任代理所长。

（一）竺可桢兼任所长

此后，竺可桢身兼浙大校长与气象研究所所长两职，他虽常驻在浙大，但每年前往重庆的时间也有三四个月之久。查 1940 年至 1943 年的竺可桢日记，他在重庆及北碚的时间有：1940 年 3 月 1 日 ~4 月 17 日、10 月 15 日 ~11 月 29 日，1941 年 2 月 13 日 ~4 月 15 日、8 月 26 日 ~10 月 16 日，1942 年 3 月 8 日 ~4 月 27 日，1942 年 12 月 18 日 ~1943 年 1 月 31 日，1943 年 3 月 30 日 ~6 月 1 日、12 月 14 日 ~31 日。两地来回地奔波，又随着浙大日益发展，校务渐趋繁重，竺可桢常有力不从心之感。

为此，他多次提请辞任其中一职，以便集中精力，专攻一门事业。1940 年 10 月 18 日，“余告骝先谓气象所与浙大二事必去其一。渠素主张余留浙大者，故目前应决定办法，使余能脱离浙大，否则辞气象研究所职”①。1941 年 4 月 12 日，竺可桢晤陈布雷，“告以浙大、气象所二事必去其一。因最初去浙大，余个人以一年为期，当时布雷亦谓恐需三年，现已五载。此五年中，余不常至气象所，遂至工作全部停顿。余若有一半时间在气象所，则又虞浙大出意外事，故其势不得不去其一”。1943 年 12 月 14 日，竺可桢又向朱家骅提出辞任气象研究所所长一职，“四点至组织部晤骝先，余告以气象所必得有一解决。余意若不脱离浙大，则气象研究所所长一职必另派人，余愿为名义上之研究员”②。

（二）赵九章任代所长

1943 年 4 月 15 日，吕炯接替黄厦千任中央气象局局长。当日，竺可桢在日记中记：“蔚光接气象局事。”4 月 23 日吕炯赴任气象局，“四点开所务会议。蔚光报告接收气象局经过，程忆帆为总务，温甫预报，良骐气候科长”③。

随着吕炯前往气象局，选择新的气象研究所主事人，便成为当务之急。竺可桢属意的人选，是当时在西南联大执教的赵九章。早在 1941 年，竺可

① 竺可桢：《竺可桢全集》（第 7 卷），上海科技教育出版社，2005，第 461 页。
② 竺可桢：《竺可桢全集》（第 8 卷），上海科技教育出版社，2006，第 56 页。
③ 竺可桢：《竺可桢全集》（第 8 卷），上海科技教育出版社，2006，第 546 ~552 页。

桢便提出由赵九章代他出任所长，但当时赵九章因清华气象台之事未至，2月28日，“余告以余若离所，拟荐赵九章自代”。3月10日，“与九章、正之谈赵来气象研究所事。赵以到清华后高空研究所为设嵩明气象台亦不能一旦恝然舍去。余嘱于相当时期后来”。3月12日，“赵九章来，渠允可至气象研究所任研究工作，但目前尚不能离嵩明气象台”①。

1944年1月6日，竺可桢与吕炯前往组织部会晤朱家骅，“谈及余与蔚光辞所长、代所长问题”，“决定赵九章代理气象研究所所长”。5月1日，“赵九章到碚代理气象所”。5月16日，竺可桢在日记中写道：“九章于五月一日接气象所代理所长事务。七日来函，已将所中事务部署得一头绪……余遥领所长名义已八载，再不能继续，故至年终余必再辞，或至七月间上辞呈。”自此，气象研究所日常工作皆由赵九章主持，1945年3月的中央研究院会议中，也“由九章代表气象所”。②

不过，竺可桢辞任所长一职之事，却一直未获通过。1945年3月20日，“缘余于去年四月曾辞职（口头），至阳历年来函辞，均未准”③。直到抗战结束后的1946年，他才正式卸任所长一职，由赵九章接任。

三　科研人员与成果

（一）人员往来

气象研究所是民国时期国内气象科学研究的权威学术机构。竺可桢在创所伊始，便十分注重学术研究工作，引进了一大批优秀的气象科技人才。在1937年“卢沟桥事变”爆发前，所内除竺可桢以外，尚有专任研究员吕炯（兼代理所长）和涂长望两人，专任副研究员石延汉和古洛丁（Ivan Groodin，白俄罗斯人），以及测候员张宝堃、朱文荣、黄逢昌、郑子政、卢鋈等9人，此外还有助理员、测候生及所内办事人员若干人。④“卢沟桥事变”爆发后，所内人员渐次离去。1937年8月，气象研究所疏散了部分职

① 竺可桢：《竺可桢全集》（第8卷），上海科技教育出版社，2006，第29～37页。

② 竺可桢：《竺可桢全集》（第9卷），上海科技教育出版社，2006，第6～357页。

③ 竺可桢：《竺可桢全集》（第9卷），上海科技教育出版社，2006，第354页。

④ 陈学溶：《南京北极阁曾是中国气象人才的“摇篮”》，《大气科学学报》2014年第5期。

员，石延汉、古洛丁均在其列。8 月 20 日，“一部分职员如梁实夫、石延汉、古洛丁、杨鉴初、萧望山、蔡秉久、胡铁岩等均留职停薪”，9 月 6 日，“做函与古洛丁，告以院中不得不辞退渠之苦衷”①。石延汉后于 1939 年起任福建省气象局局长，1940 年 11 月 30 日，竺可桢记：“晚石延汉自福建偕其妹来。石现为福建省气象局局长。”②

此后，朱文荣去航空委员会任职，1938 年 4 月 13 日，“知国华现为气象科科长，属于航政处，处长为刘芳秀。委员会共分四厅”③。涂长望于 1939 年 5 月离所赴浙大史地系任教，5 月 11 日“二点至校。知涂长望已来。赴乐群社晤长望，知渠于四号晨动身”。1939 年 11 月，卢鋈前往广西宜山接任武汉测候所所长，11 月 28 日，“涂长望偕卢温甫来，知温甫与其夫人曾广琼住长望处”。黄逢昌于 1940 年 4 月赴航空委员会，4 月 7 日，“余与仲辰谈二十分钟，渠日内赴成都就航空委员会事”④。

1940 年 3 月 11 日，他在日记中记载了当时所内的人员情况：“所中目前工作分配，除蕴明代理所长外，楚白文书，陈士毅会计，周耀湘庶务，萧望山书记，梁实夫绘图，钱逸云图书。天气组子政、幺振声、薛铁虎、何清隐、樊蜚君。气象组张宝堃、赵海、陈五凤、曾树荣。高空组杜靖民、杨鉴初及新由中大毕业之王华文。”⑤ 3 月 24 日，竺可桢与张其昀谈道：“气象研究所之情况，使余不得不回所。因四研究员中涂长望、黄逢昌辞职，而郑子政又神经不强，遂只剩蕴明一人。”

1943 年起，气象研究所新进人员逐渐增多。当年 4 月 21 日，“气象所新进用人员，测候组有中大毕业生黄仕松，金华人。此外取技佐四人：张培绪（鄂）、陆廷泰（苏）在天气组，吴立功（浙）、赵世禄（川）在气候组”。6 月 1 日，竺可桢又与朱家骅谈及增加所中研究员一事，“五点晤骝先于组织部，余告以气象所非增加研究员不可。涂长望与赵九章须并请，否则至少请一人”⑥。

---

① 竺可桢：《竺可桢全集》（第 6 卷），上海科技教育出版社，2005，第 355 ~ 364 页。
② 竺可桢：《竺可桢全集》（第 7 卷），上海科技教育出版社，2005，第 492 页。
③ 竺可桢：《竺可桢全集》（第 6 卷），上海科技教育出版社，2005，第 503 页。
④ 竺可桢：《竺可桢全集》（第 8 卷），上海科技教育出版社，2006，第 86 ~ 332 页。
⑤ 竺可桢：《竺可桢全集》（第 7 卷），上海科技教育出版社，2005，第 314 ~ 323 页。
⑥ 竺可桢：《竺可桢全集》（第 8 卷），上海科技教育出版社，2006，第 549 ~ 577 页。

1944 年 3 月，赵九章任职气象研究所，“赵九章任气象研究所专任研究员，已于上届会中（三月六日）通过”。5 月，赵九章正式到所并出任代理所长。5 月 16 日，“又将郭晓岚、黄仕松、叶笃正与朱岗昆之工作排定。每周有一讨论会，每月有一次查询报告。从此研究工作希望风气大为转变，是一好消息也”①。

1945 年，又有陶诗言、朱和周等到所。4 月 4 日，“九章来谈，并召新来助理陶诗言（中大卅一年毕业）及朱和周（清华二十九）二人来谈。朱在宝堃部份工作”。次日召开全所会议，谈到了当时所中人员情况并进行了工作部署，“三点，九章召集所中谈话会。首由宛敏渭报告一年来人事方面状况，所中职员名额核定为十九人，但实际只十六人。蔚光、子政告假，而长望、晓寰为兼任名义，本年可增至廿五人。……此研究助理报告，朱岗昆进行 Grosser Austausch 大交换，黄仕松研究 Cyclone genesis 气旋生成，二人因预备考留学费去时间不少。毛汉礼作台湾气候农林部份。陶诗言、朱和周二人初到无报告。杨鉴初及杜靖民亦各有工作”②。

（二）学术成果

作为气象科学的最高学术机构，气象研究所在 1928 年至 1936 年期间，共发表研究论文 86 篇。“卢沟桥事变”爆发后，研究所几度搬迁，环境的恶劣，战争的破坏，以及竺可桢在 1936 年赴浙大任职，这些都对工作产生了不利影响。但科研人员仍潜心工作，成果丰硕，“虽然在量的方面，较抗战前稍少，但质的方面，正在逐年提高之中”③。从分类来看，当时的论著仍多集中于气候与天气学两方面，但在大气环流、动力气象以及气象观测等方面，也有不少进展。尤其是 1944 年赵九章到所后，在学术思想上，气象研究所转变了原来以描述为主的地理学研究方法，将数学、物理引进气象领域，竺可桢也在日记中写道：“而对于研究指导有方，且物理为气象之基本训练，日后进步非从物理着手不可，故赵代所长主持，将来希望自无限量。”④ 下面举气象研究所在抗战时期的学术论著两例。

---

① 竺可桢：《竺可桢全集》（第 9 卷），上海科技教育出版社，2006，第 102 ~ 103 页。
② 竺可桢：《竺可桢全集》（第 9 卷），上海科技教育出版社，2006，第 366 页。
③ 赵九章：《中国气象学研究工作的回顾与前瞻》，《气象学报》1951 年第 1 期。
④ 竺可桢：《竺可桢全集》（第 9 卷），上海科技教育出版社，2006，第 367 页。

竺可桢、吕炯、张宝堃的《中国之温度》，作于1937年至1939年期间，此书与此前出版的《中国之雨量》一书，是当时记录年代最久、站点最多、最为完整的气象资料，具有开创性意义。竺可桢于1940年4月10日为该书作序，日记中介绍了此书的内容，“为《中国之温度》作一序。此书已于民廿六年着手，廿八年即竣事，但为印刷耽搁经年。其中共有296个测候所之温度记录。最早之记录为北平，始于1841；而最长之记录则为徐家汇，计62年以上，系至1935年止。自1936～1938年另列一部。图之说明系蕴明所作……今日上下午将《中国之温度》图说明重看一遍，改正后并作一序，至六点始回”①。但此书在付印时，因时局动荡，出版一再迁延，至1944年3月31日，“因《中国之温度》一书订约已两年，因校对不完，中国科学公司将此书搁置迄不付印”②。后直到1947年，才正式印刷出版。

涂长望（时为气象研究所兼职研究员）、黄仕松在1944年合作发表的《中国夏季季风之进退》一文中，发现中国夏季季风进退有明显的跳跃，表明了东亚季风环流的非线性特点，对研究我国长期预报、季风与旱涝具有重要贡献。1944年9月28日，竺可桢研读了此文，“阅长望、黄仕松著 The Advance and Retreat of Summer Monsoon in China。以 wet bulb temp 湿球温度五日平均定 Tm air mass 热带海洋气团为夏季风之标准。谓华南夏季风自四月至十月，长江流域自五月至十月中，华北六月至九月，长城外七、八两月，外蒙只一月，新疆无之。又以 Em air mass 赤道海洋气团之来较迟一个月。文中谓华北无 cyclone 气旋。又谓缅甸之 SW 风即昆明之 SW 风似不可靠，以霉雨由于 Tm 与 Em 之相混云”③。

四　测候网的筹建

早在气象研究所建所初期的1928年，竺可桢即撰写了《全国设立气象测候所计划书》。根据计划书，竺可桢先后在全国筹建了28个气象研究所直属测候所，其中有11个建成于1937年之前，另有17个建于1937年以后。“卢沟桥事变”的爆发，并没有使气象台站的建设停滞。

---

① 竺可桢：《竺可桢全集》（第7卷），上海科技教育出版社，2005，第334页。
② 竺可桢：《竺可桢全集》（第9卷），上海科技教育出版社，2006，第65页。
③ 竺可桢：《竺可桢全集》（第9卷），上海科技教育出版社，2006，第191页。

（一）西安头等测候所

以西安头等测候所为例，1936 年 8 月，全国经济委员会水利处已与气象研究所商定，在长江中下游的武汉和黄河中游的西安各设立一个头等测候所，以便配合水利部门，做好水情预测和天气预报工作。西安头等测候所在陕西省水利局测候所基础上进行扩充。竺可桢原在 1937 年 7 月拟派古洛丁赴西安所主持工作，7 月 9 日，"与古洛丁谈黄河水温测量计划"①，但因战事起而作罢。到 1938 年 8 月，西安所准备就绪，9 月开始天气预报业务，由气象研究所程纯枢主持工作。11 月，陕西省水利局奉令紧缩，决定撤销所属的南郑、榆林两个测候所，西安所报请气研所后，接管了这两个所。②

1940 年，竺可桢日记中记录了他读到的西安所及南郑、榆林两地的气象资料。6 月 15 日，"校阅程纯枢《西安四季天气变化》一文，述及寒流南下时陕西西安气压增加之量与时，颇饶兴趣"，8 月 14 日，"阅程纯枢寄来南郑及榆林五年来之记录。榆林在陕西北部，地近套南沙漠，雨量尚有 390mm，而温度日较差极大，常达 15℃，有时竟达 28℃之多。雾少霾多。南郑则在秦岭以南，其空气较西安为潮湿，一月份较西安热四度之多"③。

（二）建设西南测候网

1940 年 2 月，气象研究所拟定并提交了"请建议政府资助气象研究所建设西南测候网，俾利全国测候网之逐步推进，以应抗战建国之需要案"④。3 月 23 日，中央研究院召开评议会，"议案方面通过设立西南测候网"⑤。此后，四川松潘、四川广元、甘肃安西、云南保山、西藏昌都等地的测候所纷纷建立。这些台站的建立情况，在竺可桢日记中也可窥见一二。如

---

① 竺可桢：《竺可桢全集》（第 6 卷），上海科技教育出版社，2005，第 331 页。

② 陈学溶：《我国水文与气象早期合作的部分史实》，何琦主编《问天人生》，中国文史出版社，2019，第 14～16 页。

③ 竺可桢：《竺可桢全集》（第 7 卷），上海科技教育出版社，2005，第 377～415 页。

④《请建议政府资助气象研究所建设西南测候网，俾利全国测候网之逐步推进，以应抗战建国之需要案》，1940 年 2 月 7 日，中国第二历史档案馆，全宗 393，案卷 1468。

⑤ 竺可桢：《竺可桢全集》（第 7 卷），上海科技教育出版社，2005，第 322 页。

1941 年 2 月 19 日，“今晨召见新到所中之职员，一为松潘测候所派来练习之杨戎武”。2 月 28 日，“上午因杨戎武将随曾世英明日出发回松潘测候所，随带一毛发湿度计去”。4 月 3 日，“灌县测候生何知勉来。以灌县附近测候所已多，而川北山地尚无人，故决计将何调往川北广元地方，在此练习一个月再调”①。

除了筹建直属测候所，气象研究所还积极推动各省政府建设测候所，并给予技术、人员、设备和资金等方面的支持。如 1939 年 3 月 16 日，竺可桢与云南省府委员张邦翰谈到云南建设测候站一事，“又谓拟在思普、昭通、丽江、建水、河口五地设立测候站，要求中央拨给仪器。余谓仪器可拨，但每地须指定的款有专人负责，其人须有二三个月之特别训练始可辅助，否则反将仪器毁坏，一事不做”。又如 9 月 24 日，竺可桢告知吕炯可给予峨眉山测候所工作人员补贴，“吕蕴明来，余告以峨眉山周凤梧与刁庆奎在山上工作应得双薪，所中可以补助”②。

（三）武汉头等测候所

建于“卢沟桥事变”爆发前的部分气象研究所直属测候所，在抗战期间经过迁址，恢复气象观测。如 1937 年元月建立的武汉头等测候所（简称武汉测候所或武汉所），1938 年起历经四迁，一迁湖南衡阳，二迁广西桂林，三迁广西宜山，四迁贵州湄潭，历时 1 年零 8 个月，行程 1900 千米，终于在 1940 年 3 月在湄潭落定并恢复工作。

武汉所原在武汉宾阳门外的华中协和神学院，1938 年 1 月 30 日的竺可桢日记记载：“至汉阳门后雇汽车赴华中协和神校 Union Seminary，在宾阳门外武昌气象台暂借其地设台，月出租金廿元。遇徐勉钊、尹世勋、许鉴明及洪君……乃入城至石灰堰，即余民八九年所寓处也，武昌新台即设此，尚未完工。”③

当年 7 月，武汉所已迁入武昌起义门内紫阳湖南岸石灰堰新址。7 月 8 日竺可桢赴所，“新成立之武汉测候所即在石灰堰，离余辈昔之寓所当不远

① 竺可桢：《竺可桢全集》（第 8 卷），上海科技教育出版社，2006，第 23～50 页。
② 竺可桢：《竺可桢全集》（第 7 卷），上海科技教育出版社，2005，第 49～169 页。
③ 竺可桢：《竺可桢全集》（第 6 卷），上海科技教育出版社，2005，第 462 页。

也。遇尹世勋、无线电收发某君。尚有许鉴明、徐勉钊适外出”①。

此后战事发展，武汉岌岌可危。武汉所只得忍痛割舍刚落成的石灰堰新所，经湖南衡阳前往广西桂林。在桂林期间，武汉所的暂驻地为美仁里四号，1938 年 11 月 9 日，“十一点至体育场西觅武汉测候所，始知其门牌为美仁里四号。百叶箱、雨量器均无处可以安设”②。

12 月武汉所又迁至广西宜山，此时浙大亦在宜山，其间竺可桢多次造访武汉测候所。如：1939 年 6 月 6 日，“余过江至蓝靛村武汉测候所晤许鉴明”；8 月 25 日，“余即过江至武汉测候所。遇许鉴明、徐勉钊，知浙大之收报机可以收天气图上大部所需要之电报”；11 月 19 日，“余至武汉测候所，遇士楷及储润科。阅天气图，知低气压中心约在宜山西北，一周来宜山已下 140mm 之雨云”；等等。

当时，武汉所本已在宜山小龙乡建造新所，拟于 1940 年初迁入，11 月 5 日，“许鉴明回时本地包工韦隆安亦在座，遂与谈建筑武汉测候所事，嘱于本年内完工，庶几于下年一月一日可以开始在小龙乡观测”③。但此后战火突起，11 月 15 日“日军在北海登陆”，11 月 25 日“南宁陷落”，武汉所再次搬迁。11 月 28 日，接任武汉所所长的卢鋈已到宜山，“涂长望偕卢温甫来，知温甫与其夫人曾广琼住长望处”。竺可桢与卢鋈谈及迁所之事，认为武汉所可就近迁至广西三江，“余告以目前宜山因南宁陷落而紧张，武汉测候所之小龙乡建筑是否仍需进行。余以心理研究所在三江，如浙大果迁移，则武汉测候所即可赴三江”。涂长望则提出武汉所可与浙大同往贵州，12 月 3 日，“又卢温甫来，为武汉测候所移三江事，因涂长望希望武汉测候所与浙大同入黔。余谓浙大往黔何处尚未定，故不能应允”。1940 年 1 月 11 日，浙大迁贵州前夕，竺可桢晤卢鋈，“告以余将于明日赴黔。该所俟余抵黔后再定迁移办法”。3 月，武汉所迁至贵州湄潭，4 月 1 日正式恢复观测。5 月 7 日，竺可桢在日记中写道：“经七星桥至玉皇阁，遇卢温甫、曾广琼、尹世勋、许鉴明等。测候所已于四月一日起恢复工作。”④

① 竺可桢：《竺可桢全集》（第 6 卷），上海科技教育出版社，2005，第 546 页。
② 竺可桢：《竺可桢全集》（第 6 卷），上海科技教育出版社，2005，第 609 页。
③ 竺可桢：《竺可桢全集》（第 7 卷），上海科技教育出版社，2005，第 101～195 页。
④ 竺可桢：《竺可桢全集》（第 7 卷），上海科技教育出版社，2005，第 201～351 页。

（四）测候网的移交

1941 年，国民政府将设立气象局提上议程。当年 3 月 11 日，行政院召开会议："三点至曾家岩行政院，讨论设立气象局成立问题。系国民政府训令行政院，谓依据最高国防委员会交于教育、财政两专门委员会审查结果，谓建设测候网确有必要……结果议决成立中央气象局，管理全国气象行政事宜，直隶于行政院，但与中央研究院取得密切合作。预算第一年经常费卅七万元，临时卅万元"①。可见，国民政府设立气象局的初衷便在于建设全国测候网和管理气象行政事务。

10 月，在重庆成立中央气象局，"黄厦千为气象局局长"。10 月 9 日，竺可桢主持召开气象研究所所务会议，讨论了气象局与气象研究所的工作划分，"决定以分工合作为原则，天气广播归局，经济部各所将由局支配，但所中仍维持天气图及气候部分工作，各所报告须送一份至局与所。测候网由局主持，但所得设立站"②。此后，全国气象台站网络统筹建设的工作转由气象局负责。

结　语

"卢沟桥事变"爆发后，气象研究所受战火影响而数迁其址，人事多有变动，但在科研和业务上仍卓有建树。竺可桢当时兼任所长一职，在他的日记中关于气象研究所迁址、人事变动、科研工作、台站建设等方面记录完整，并能与其他反映同时期史实的资料相互印证，真实可信，实属半官方的、历史事件亲历者视角下的气象研究所发展叙事，对于更好地还原历史、挖掘整理中国气象发展史料有很高的参考价值。

---

① 竺可桢：《竺可桢全集》（第 8 卷），上海科技教育出版社，2006，第 164 页。

② 竺可桢：《竺可桢全集》（第 8 卷），上海科技教育出版社，2006，第 36 页。

Abstracts

The Solar Halo Pattern on the Dahecun Painted Pottery and the Development of the Image of Rainbow Dragon

Chu Peijun / 15

Abstract: Dahecun site is famous for its large number of pottery with astronomical patterns, one of which is called "solar halo pattern". The solar halo and the rainbow are both atmospheric optical phenomena, and also have the function of predicting weather changes. In the eyes of ancient people, there was no obvious difference, and these phenomena were regarded as the symbol of the rain god. Modern meteorology research results also prove that the principle of solar halo and rainbow phenomenon are indeed similar. The image of dragon came into being very early in China, but its image and function are constantly constructed. The double-headed dragon with the function of controlling wind and rain was called the rainbow dragon. The solar halo pattern on Dahecun painted pottery was one of the original forms of the Rainbow dragon. Through the analysis of the character "Hong" on oracle bone inscriptions in Shang Dynasty, we can see that the double head image of rainbow dragon has been established, and its image was very common in Han Dynasty. The solar halo, which indicates rain, and the rainbow, which indicates the end of rain, represent the magic power of the rainbow dragon to control wind and rain. The ancient people's observation and summary of atmospheric optical phenomena promoted the construction and development of the image of dragon.

Keywords: Dahecun Painted Pottery; Sunglow; Rainbow; Rainbow Dragon

The Application and Development of Meteorological Technology in War

Zhang Yucheng, *Zhong Bo*, *Sun Mingyue*,
Wang Yingchao / 23

Abstract: As the *Artofwar*, "If you know yourself and your enemy, you will win a hundred battles." Since the beginning of the war, the mastery of information technology has determined whether a war is won or lost. In ancient times, when science and technology were not developed, in order to win an invincible battle, in addition to a thorough understanding of the situation of both sides, the mastery of the weather "is undoubtedly the most important factor." The "weather" factors, such as wind, rain, drought, fog and temperature, are more important to the success and loss of wars. Therefore, in the war, military strategists analyzed the weather, geographical conditions and people, obtained their own favorable factors from it, skillfully used meteorological factors to master the initiative of war, and won the victory of the case is not uncommon. It is precisely because there are many cases in history where the outcome of a war turned rapidly due to weather that military strategists paid more and more attention to meteorological factors on the battlefield, which promoted the progress and development of meteorological science and technology. From the most basic prewar divination to the observation of the sky and the prediction of the time of attack, meteorological science and technology played an increasingly important role in the war.

Keywords: War; Meteorological Elements; Information Acquisition; Meteorological Technology

Yunnan Climate in the *Song of Months in Southern Yunnan*

Yang Li / 35

Abstract: Yang Shen, a famous poet of the Ming Dynasty, was banished to a frontier that Yunnan for thirty-five years for he against the emperor. During the period, he wrote a large number of popular songs, which left a profound influence on the economic, social and especially cultural development of Yunnan. His *Song of Months in Southern Yunnan* give a detailed and vivid description of Yunnan's warm climate that is like sprig all the year round, the three-dimensional climate vulgar "one mountain at Four Seasons, different weather within 10 km". The song also described the all kinds of clouds and the wind, the frost, the snow and so on. It depicted the beauty of the four seasons and some of the wonders of landscape in Yunnan. The songs present a wonderful painting of yunnan. The paper mainly analyzes the description of climate and weather in *Song of Months in Southern Yunnan*. Through the songs understand roundly of the rich and colorful climate resources in Yunnan.

Keywords: Yang Shen; *Song of Months in Southern Yunnan*; Yunnan Climate; Colorful Yunnan

Study on the Myth of Water and Drought in China from the Perspective of Climate Change

Chen Ping, *Li Zhongming* / 44

Abstract: Almost all the famous myths in ancient China are related to disasters, among which floods and droughts are the most recorded, such as The goddess patching the sky, Houyi shooting the sun and so on. These disaster myths are ancestors' descriptions of the natural environment and extreme climate, reflect our ancestors' scientific cognition of the natural society, and are the carriers of the unique national spirit and cultural character of the Chinese nation. The research results of climate change in historical period and the development of archaeology provide more evidence and data for the in-depth study of climate disasters in ancient myths. By comprehensively utilizing the related research results and methods of climate change, archaeology and culturology, this paper explores the relationship between water and drought myths and climate change in ancient times. Myth research in the perspective of climate change is an interdisciplinary study of meteorology, history, culturology, anthropology, religious studies, etc. It is a new attempt in the construction of new liberal arts.

Keywords: Myth; Climate Change; Flood; Drought

On the Literature Value and Utilization of Climate and Meteorological Disasters

Zhang Wenxing, *Shan Weiwei*, *Peng Yaohua*,
Luo Cong, *Ma Xiaochen*, *Li Hongshuo* / 61

Abstract: This paper discusses the literature value and utilization of climate and meteorological disasters from the following three aspects: the contribution of literature in the study of climate change, the development and utilization of literature and its social service, and the historical responsibility of professional and meteorological annals. It is pointed out that: the vast literature on climate and meteorological disasters has been preserved in China for thousands of years, which has contributed greatly to the study of climate change. This paper holds that it is the historical responsibility of meteorological professionals and historiographers to edit climate and meteorological disasters in the annals. To keep digging and collating the contents of climate and meteorological disasters in old historical records, to provide more valuable literature for climate change research, obviously, it is very important to develop and utilize literature well. The goal is to realize the informatization, digitization and networking of Chinese history, annals, museum and museum as soon as possible, improve the ability of social service, and catch up with the world's advanced level.

Keywords: Climate Change; Meteorological Disasters; Literature Value; Social Service

Zhang Yan's study on the Changes of Flood and Drought Along the Middle Route of the South-to-North Water Diversion Project

He Haiying / 70

Abstract: Zhang Yan studied the changes of flood and drought in the middle route of the South-to-North Water Diversion Project. They analyzed the favorable and unfavorable hydrometeorological conditions of the South-to-North Water Diversion Project from the aspects of water source conditions in the water supply area, the comparative analysis of precipitation and evaporation in the north and south sides of the middle route, and the historical evolution of drought and flood levels. In particular, the adverse effects of drought change on the South-to-north water diversion project are analyzed and policy suggestions are put forward. These studies have a certain reference value for the formulation of the implementation scheme of the South-to-North Water diversion project, and ensure the smooth progress of the South-to-North Water diversion project.

Keywords: Zhang Yan; the South-to-North Water Diversion Project; Hgdrometeoroloyical

Discussion on the Realistic Meaning of the Historical Context of Disaster Prevention and Mitigation Based on Local Culture

Wang Yan, Lin Xiufang, Jin Jing,
Wang Yingyi, Lai Qingli / 83

Abstract: By integrating social survey and operational practice, the background of the disaster prevention and mitigation within the local culture is analyzed from meteorological, economic and political aspects. The analysis takes the three goddesses of typhoon prevention, drought alleviation and flood control in Fujian Province as the cases and is carried out with the means of comprehensive investigation, logical induction and dialectical analysis. The study also integrates the Chinese traditional blessing culture of fearing heaven and earth, conforming to the advantages of time and place, and praying for disaster relief as well as the value orientation of benevolence and charity and then proposes the concept of the historical context of disaster prevention and mitigation. The concept is regarded as an important part of Chinese historical context and its core is to pray for good weather and carry out disaster prevention and mitigation through personal self-cultivation and active response. The historical context of disaster prevention and mitigation is featured with a long and profound history, positive implications and rich forms. It is also found that the concept of reverence for heaven and earth, the original intention of serving people's livelihood, and the pursuit of seeking advantages and avoiding disadvantages are important manifestations of the context of preventing and mitigating disaster. Furthermore, the realistic meaning of the historical context of disaster prevention and mitigation is elaborated from the four aspects of the traditional concept of "harmony between man and nature", the traditional culture of reverence for heaven and earth, the traditional virtue of benevolence, and the context of disaster mitigation for serving the people.

Keywords: Local Culture; Disaster Prevention and Mitigation; Historical Context

Exploration and Thinking of the Ancient Meteorological Disaster Prevention Sites in Luoyang

Wang Linxiang, *Ran Chen*, *Wu Wenhua* / 98

Abstract: Since ancient times, China has been dominated by agriculture and has great dependence on meteorological conditions. With the deepening of the understanding of nature, the idea of meteorological disaster prevention took shape and developed rapidly since the pre-Qin Period. The prevention of meteorological disasters in ancient China can be roughly divided into three kinds: disaster prediction, water conservancy construction and storage for famine. Luoyang is an ancient capital with a long history and profound cultural heritage, with numerous cultural sites. Lingtai site of eastern Han Dynasty in Luoyang is the early national astronomical and meteorological observatory in China. The site of Luoyang Chengyang Canal in Han and Wei dynasties is a model of urban water conservancy and meteorological disaster prevention facilities in ancient China. The Huiluocang relic site and Hanjiacang relic site in Luoyang were important official sites along the Grand Canal in Sui and Tang dynasties. This paper explores several sites related to the prevention of ancient meteorological disasters, and discusses and thinks about the prevention of ancient Meteorological disasters in China.

Keywords: Luoyang; Meteorological Disasters; Disaster Prevention; Site

A Connotation of Aristotle's Meteorological Thought and Ancient Chinese Meteorological Thought from the Spring and Autumn Period to the Qin and Han Dynasties

Abstract: In this paper, the connotation of the ancient Chinese meteorological thought that from the Spring and Autumn Period to the Qin and Han Dynasties and Aristotle's meteorological thought is summarized to show the connection and difference between them. This paper presents the theories about the causes of wind, rain and hail in the contemporary Chinese meteorological thought and Aristotle's meteorological thought. Paper also tries to provide some reference for the study of the history of ancient meteorological thoughts. In addition, through contrastive demonstration, rearranges Aristotle's idea of the formation of vortices by the shear action of gases in meteorology, highlighting its extensive and profound.

Keywords: Meteorological Thought, Aristotle, Ancient Meteorology; From the Spring and Autumn Period to the Qin and Han Dynasties

The History of PRC Representatives Rejected by WMO Association II

Abstract: The World Meteorological Organization (WMO) is a specialized agency of the United Nations. Regional Association II (Asia) is one of the regional associations. In Feb. 1955, the first session of Regional Association II (Asia) was held. 2 months later, the second world meteorological conference was held. In spite of the fact that the People's Republic of China had been founded on 1 October 1949, PRC (People's Republic of China) representatives were not allowed to participate the above two conferences. On the contrary, KMT representatives were allowed to participate the first session of RA II as observer and the second world meteorological conference as WMO member state. In April. of the same year, Foreign Minister Zhou Enlai called the Acting Secretary-General of WMO Mr. Swoboda to protest against that KMT representatives. This paper restored our struggle for the right to participate the above two conferences and analyzed principles and strategies of meteorological diplomacy in the early period after the founding of new China, by reviewing historical files. In the early days after the founding of new China, meteorological diplomacy was constrained by the conspiracy of the "two Chinas" by foreign hostile forces, and therefore suffered a lot on the world stage. However, by continuously promoting independence and open cooperation, meteorology of new China has finally shined on the world stage.

Keywords: WMO; Regional Association II; Meteorological Diplomacy

Retrospect and Prospect of Meteorological Science and Technology History Research in Meteorological Training System in China

Chen Zhenghong / 131

Abstract: This paper reviews the development of the history of Meteorological Science in the meteorological training system in China in recent years, and introduces several aspects of the phased development of this discipline. Based on the existing research results, this paper puts forward some ideas for the study of the history of meteorological science and technology, and analyzes the existing problems and thoughts in the study of the history of meteorological science and technology. Some research fields and trends of promoting the innovation of meteorological science and technology and increasing the development of meteorological science and technology history in the future are put forward.

Keywords: History of Meteorological Science and Technology; Institutionalization; Meteorological Training; History of Meteorology

The Study on Zhu Kezhen's Contribution to the Institutionalization of Meteorology in China

Yang Ping, *Wang Zhiqiang*, *Zhou Qi* / 143

Abstract: Zhu Kezhen laid the foundation for the development of modern meteorology in China. Many scholars have made a lot of fruitful researches on his academic thoughts, contributions and achievements, but little on meteorological institutionalization. Based on the interpretation of the connotation of institutionalization of meteorology and its necessity, this study focuses on Zhu's contributions to research institutions, academic organizations, personnel training, publications, and academic activities. The causes and influencing factors of the above-mentioned contributions are also analyzed from various aspects including academic authority, the evolution of the field of research, the needs of the country and society, and the coordination of science, education and innovation. This study analyzes the patriotism and scientific quality of Zhu Kezhen from a new perspective, and studies the evolution of modern meteorology in China, while having a certain reference value for the better development of China's meteorology institutionalization in the future.

Keywords: Zhu Kezhen; Institutionalization of Meteorology; Meteorology

Several Historical Facts about Meteorological Institutions in Beijing in the First Half of the 20th Century

He Xicheng, *Feng Yingzhu* / 161

Abstract: Based on archives and photos, the evolution of the management system and business sites of meteorological institutions in Beijing in the first half of the 20th century is analyzed. Though Zhang Jian's dream of setting up a national meteorological observation network had not been realized, the meteorological building located in the former Central Agricultural Experimental Farm of the Ministry of Agriculture and Commerce has been in use until 1953.

Keywords: Beijing; Meteorological Institution; History of Meteorology

The Mark of Hangzhou in the History of Chinese Meteorological Science and Technology —From Historical Records to See the Most Meteorological Hangzhou

Ma Bihua, *Xie Yun*, *Hua Xingxiang* / 172

Abstract: Hangzhou has a long meteorological history and unique meteorological culture。 5, 000 years ago, Liangzhu people witnessed the weather and developed a highly developed rice farming civilization in a warm and humid climate. From the Tang Dynasty to the Song Dynasty, the climate became colder, and the political center of Song Dynasty moved south. Hangzhou was pushed to the peak of the history of the development of the ancient Capital. The establishment of the Qingtai in the Southern Song Dynasty marked the great progress of Hangzhou's meteorological science and technology. Since the Ming and Qing Dynasties, the rain records and rain memorial to the throne of Hangzhou reflect that the supreme rulers attach great importance to meteorology. In the late Qing Dynasty and the early Republic of China, meteorology became one of the scientific means under the wave of Hangzhou to support agriculture and rejuvenate the state. During the period of the Republic of China, Mr. Zhu Kezhen opened up the road of modern meteorological development for Hangzhou. 500 years of Hangzhou People's relentless exploration of weather patterns, which have left a distinct mark of Hangzhou in the history of Chinese meteorological science and technology, creates a number of national bests, and plays an important role in enriching the connotation of the whole Chinese meteorological science and technology.

Keywords: History of Meteorological Science and Technology; Hangzhou Imprinting; the Best of Meteorology

A Preliminary Analysis of Meteorological Disasters in *The Dream of Red Mansions*

Abstract: Based on the text, three types of meteorological disasters (blizzard, flood (continuous rain) and hail) mentioned by Wu Jinxiao in the 53rd chapter of *A Dream of Red Mansions* are studied from the perspective of meteorology. The results show that the amount and depth of snowfall are relatively large, and the initial and end time of rainfall are consistent with the rainfall months in Northeast China, but the duration is exaggerated. It cannot be proved that the month and size of hail are exaggerated, but the scope of hail is exaggerated. The meteorological disasters mentioned by Wu Jinxiao are mixed with real and false. The meteorological disasters are real, but the extent is exaggerated.

Keywords: Wu Jinxiao; Meteorological Disaster; *The Dream of Red Mansions*; Blizzard; Hail

Narration of Institute of Meteorology during the War of Resistance against Japan —Centered on Zhu Kezhen's Diary

Abstract: The Anti-Japanese War Period after the outbreak of the Lugou Bridge incident, as the then director of Institute of Meteorology, Zhu Kezhen records a lot of information about the relocation of the institute, personnel changes, scientific research achievements and the construction of weather station in his diary. A number of previous unnoticed details are mentioned, which provide a historical basis for objectively recovering the development and changes of Institute of Meteorology at that time.

Keywords: Zhu Kezhen; Institute of Meteorology; Meteorological History

《气象史研究》约稿启事

《气象史研究》（*Meteorological History Studies*）是由中国气象局气象干部培训学院主办、中国科技史学会气象科技史委员会承办的学术辑刊，是以气象历史为研究对象的学术性辑刊，旨在为国内气象史和相关研究提供成果发布平台，推动中国气象史与气象文化国际化发展，拓展该领域的学术交流与资源共享。

1. 本刊发表文章类别包括：特稿、大气科学分支学科史、气象人物史、气象教育与培训史、气象灾害史、气象科技文化遗产、气候与文明史、地方气象史以及涉及气象与历史的相关研究成果等，每年定期出版1～2辑。投稿以研究论文为主，也包括文献评介、书评、成果介绍、学术动态等。

2. 投稿须是没有公开发表的原创性文章。本刊发表学术论文稿件一般不少于8000字，不超过15000字。书评、成果介绍等文章稿件不超过4000字。

3. 《气象史研究》辑刊被中国知网（CNKI）等数据库收录，如有异议，请在来稿中说明。

4. 来稿请通过电子邮件提供Word文档。如文中包括特殊字符、插图，请同时提供PDF文档。文中插图请同时单独发送图片文件。来稿文责由作者自负。

5. 请勿一稿多投。投稿后会在3个月内收到有关稿件处理的通知。为免邮误，作者在发出稿件3个月后如未收到通知，请向编辑部查询。

6. 本刊编辑部设在中国气象局气象干部培训学院，联系方式如下。

邮政地址：北京市中关村南大街46号，中国气象局气象干部培训学院国际培训部 陈老师 何老师

邮政编码：100081

投稿邮箱：qxkjshy@ yeah. net

电　　话：010－58994127

010－68400243

《气象史研究》稿件体例及注释规范

一、文稿请按题目、作者、摘要（250～300字）、关键词（3～5个）、基金项目（可选）、作者简介、正文之次序撰写。节次或内容编号请按一、（一）、1、（1）……之顺序排列。文后请附英文题目、作者署名和摘要。

二、正文或注释中出现的中文书籍、期刊、报纸之名称，请以书名号《》表示；文章篇名请以书名号《》表示。英文著作、期刊、报纸之名称，请以斜体表示；文章篇名请以双引号“”表示。古籍书名与篇名连用时，可用“·”将书名与篇名分开，如《论语·学而》。

三、正文或注释中出现的页码及出版年月日，请尽量以公元纪年并以阿拉伯数字表示。

四、所有引用和注释均需详列来源。参考文献请参考下列附例。

（一）书籍

1. 中文

（1）专著

石源华：《中华民国外交史新著》（第3卷），社会科学文献出版社，2013，第1094～1174页。

（2）编著

谢伏瞻主编《中国社会科学院国际形势报告（2021）》，社会科学文献出版社，2021，第39页。

（3）译著

〔美〕亨利·基辛格：《大外交》，顾淑馨等译，海南出版社，2012，第146页。

（4）文集中的文章

〔英〕爱德华·卡尔：《现实主义对乌托邦主义的批判》，秦亚青编《西方国际关系理论经典导读》，北京大学出版社，2009，第3～24页。

2. 西文

（1）专著

Robert G. Sutter, *Chinese Foreign Relations: Power and Policy since the Cold War*, Lanham, Maryland: Rowman & Littlefield Publishers, Inc., 2012, pp. 17 – 37.

（2）编著

Christopher M. Dent, ed., *China, Japan and Regional Leadership in East Asia*, Cheltenham, U. K.: Edward Elgar Publishing Ltd., 2008, p. 286.

（3）文集中的文章

June Teufel Dreyer, "Sino – Japanese Territorial and Maritime Disputes," in Bruce A. Elleman, Stephen Kotkin, and Clive Schofield, eds., *Beijing's Power and China's Borders: Twenty Neighbors in Asia*, New York: M. E. Sharpe, 2013, pp. 81 – 95.

（二）论文

1. 中文

（1）学术论文

祁怀高、石源华：《中国的周边安全挑战与大周边外交战略》，《世界经济与政治》2013 年第 6 期。

（2）报纸文章

温家宝：《关于社会主义初级阶段的历史任务和我国对外政策的几个问题》，《人民日报》2007 年 2 月 27 日，第 2 版。

（3）学位论文

都允珠：《后冷战时期中国周边区域多边外交研究》，博士学位论文，复旦大学，2008，第 134 页。

2. 西文

（1）期刊论文

Adam P. Liff and G. John Ikenberry, "Racing toward Tragedy?: China's Rise, Military Competition in the Asia Pacific, and the Security Dilemma," *International Security*, Vol. 39, No. 2 (Fall 2014), pp. 52 – 91.

（2）报纸文章

Joseph S. Nye Jr., "Work With China, Don't Contain It," *New York Times*,

January 26, 2013, p. 19.

（三）档案文献

1. 中文

《斯大林与毛泽东会谈记录》，1949 年 12 月 16 日，俄总统档案馆，全宗 45，目录 1，案宗 239，第 9 ~ 17 页。

2. 西文

U. S. Department of States, *Foreign Relations of the United States*, 1932, Vol. III, The Far East, Washington D. C.: Government Printing Office, 1948, p. 8.

（四）辞书类

1. 中文

夏征农、陈至立主编《辞海》（第六版彩图本），第 2 册，上海辞书出版社，2009，第 2978 页。

2. 西文

The New Encyclopaedia Britannica, "The Transition to Socialism, 1953 - 1957," Vol. 15, *Encyclopaedia Britannica*, 15th ed., Chicago, 1988, p. 145.

五、第一次引用应注明全名与出版项，再次引用可以简化为“作者、著作、页码”。

六、来源于互联网的电子资源，除注明作者、题目、发表日期等信息外，还应注明完整网址。

1. 中文

国务院新闻办公室：《中国的和平发展》，2011 年 9 月，http://www.scio.gov.cn/zfbps/ndhf/2011/Document/1000032/1000032_3.htm。

2. 西文

Central Intelligence Agency, "Maritime Zones of Northeast Asia," Report No. 923, February 9, 1978, https://www.cia.gov/library/readingroom/docs/CIA-RDP08C01297R000200130003-5.pdf.

图书在版编目(CIP)数据

气象史研究. 第二辑 / 熊绍员, 王志强主编; 陈正洪执行主编. -- 北京: 社会科学文献出版社, 2024. 9.
ISBN 978-7-5228-4194-6

Ⅰ. P4-09

中国国家版本馆 CIP 数据核字第 2024VU9275 号

气象史研究（第二辑）

主　　编 / 熊绍员　王志强
执行主编 / 陈正洪

出 版 人 / 冀祥德
责任编辑 / 李明伟
责任印制 / 王京美

出　　版 / 社会科学文献出版社 · 区域国别学分社（010）59367078
地址：北京市北三环中路甲 29 号院华龙大厦　邮编：100029
网址：www. ssap. com. cn
发　　行 / 社会科学文献出版社（010）59367028
印　　装 / 三河市龙林印务有限公司

规　　格 / 开 本：787mm × 1092mm　1/16
印 张：14.25　字 数：221 千字
版　　次 / 2024 年 9 月第 1 版　2024 年 9 月第 1 次印刷
书　　号 / ISBN 978-7-5228-4194-6
定　　价 / 98.00 元

读者服务电话：4008918866